Uni-Taschenbücher 638

UTB

Eine Arbeitsgemeinschaft der Verlage

Birkhäuser Verlag Basel und Stuttgart
Wilhelm Fink Verlag München
Gustav Fischer Verlag Stuttgart
Francke Verlag München
Paul Haupt Verlag Bern und Stuttgart
Dr. Alfred Hüthig Verlag Heidelberg
Leske Verlag + Budrich GmbH Opladen
J. C. B. Mohr (Paul Siebeck) Tübingen
C. F. Müller Juristischer Verlag – R. v. Decker's Verlag Heidelberg
Quelle & Meyer Heidelberg
Ernst Reinhardt Verlag München und Basel
F. K. Schattauer Verlag Stuttgart-New York
Ferdinand Schöningh Verlag Paderborn
Dr. Dietrich Steinkopff Verlag Darmstadt
Eugen Ulmer Verlag Stuttgart
Vandenhoeck & Ruprecht in Göttingen und Zürich
Verlag Dokumentation München

Volkmar Hölig

Lerntest Chemie

Allgemeine Anorganische und Organische Chemie

Band 2: Lösungsteil

Springer-Verlag Berlin Heidelberg GmbH

Chemie-Ing. (grad.) VOLKMAR HÖLIG, geboren am 30. Mai 1944 in Aue (Sachsen), arbeitete als Chemielaborant in der Firma Bayer AG in Leverkusen. Anschließend studierte er an der Fachhochschule in Nürnberg. Nach vierjähriger Ingenieurtätigkeit absolvierte er das Studium für das Lehramt an beruflichen Schulen an der Technischen Hochschule in Darmstadt.

CIP-Kurztitelaufnahme der Deutschen Bibliothek

Hölig, Volkmar
Lerntest Chemie: anorgan. u. organ. Chemie. – Darmstadt: Steinkopff

2. Lösungsteil. – 1976.
(Uni-Taschenbücher; 638)
ISBN 978-3-7985-0475-2 ISBN 978-3-642-95961-5 (eBook)
DOI 10.1007/978-3-642-95961-5

Ursprünglich erschienen bei Dr. Dietrich Steinkopff Verlag GmbH & Co. KG, Darmstadt 1976

Einbandgestaltung: Alfred Krugmann, Stuttgart

Gebunden bei der Großbuchbinderei Sigloch, Stuttgart

Vorwort

Dieses Buch bildet mit dem UTB Band 509 „Lerntest Chemie, Band 1“ eine Einheit. Es enthält die Lösungen und Erläuterungen zu den Lerntesten, die im UTB Band 509 enthalten sind.

Darmstadt, im Herbst 1976 *Volkmar Hölig*

Inhaltsverzeichnis

Kapitel I

Allgemeine Anorganische Chemie

Lösungen

Kapitel II

Elemente

Lösungen

Kapitel III

Allgemeine Organische Chemie

Lösungen

Kapitel IV

Verbindungsklassen der Organischen Chemie

Lösungen

LÖSUNGEN

Kapitel I

Allgemeine Anorganische Chemie

1. Lerntest

2.
```
                      Protonen
                     /
          Atomkern
         /          \
    Atom             Neutronen
         \
          Elektronenschalen
```

3. Nukleonen

4. Ein Neutron ist geringfügig schwerer als ein Proton.

5. $x = 1836$; $m_p = 1836 \cdot m_{e^-}$; Atomkern

6. Durchmesser des Atoms $\approx 10^{-8}$ cm
   Durchmesser des Atomkerns $\approx 10^{-13}$ cm
   Der Kern ist außerordentlich „dicht“, die Atomhülle dagegen sehr „diffus“.

7. $e = 1{,}602 \cdot 10^{-19}$ C; Elementarladung
   Protonen sind positiv geladen (+1), Elektronen negativ (−1), Neutronen sind ungeladene Elementarteilchen.

8. elektrisch neutral

9. Ordnungszahl

10. Bahnen oder Schalen

11. sieben, K bis Q, Hauptquantenzahl

12. $z = 2n^2$, für $n = 1 \ldots 7$ folgt $z = 2, 8, 18, 32, 50, 72$ und 98
    Nein, es gibt kein Element, dessen Atome mehr als 32 Elektronen auf einer Schale haben.

13. n = Hauptquantenzahl
    l = Nebenquantenzahl
    m = magnetische Quantenzahl
    s = Spinquantenzahl

15. Bei ein und demselben Atom befinden sich *nie* zwei Elektronen in Zuständen, die in allen *vier* Quantenzahlen übereinstimmen.

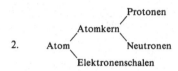

16.

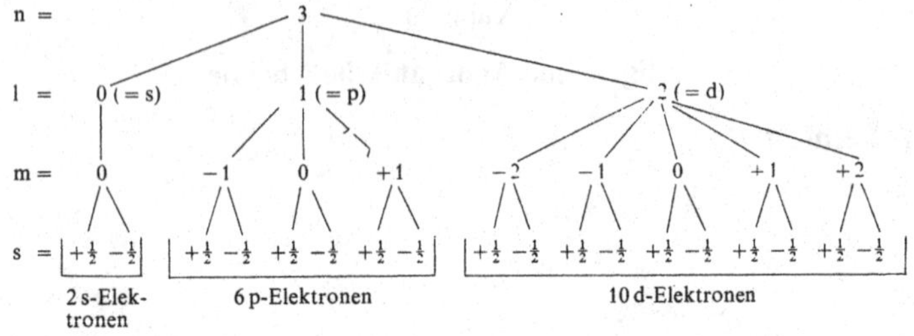

17. Orbitale

18. zwei, zwei, Orbital

19. acht, Orbitale, s-Orbital, p-Orbitale

20. $1s^2\,2s^2\,2p^6\,3s^2\,3p^3$: insgesamt 15 Elektronen
Allgemein: nl^z, z = Anzahl der Elektronen in den Orbitalen

21. Z = Ordnungszahl = Zahl der Protonen = Zahl der Elektronen im elektrisch neutralen Atom
M = Massenzahl (Anzahl der Protonen p und Anzahl der Neutronen n im Atomkern)
3+ = Ladung des Ions, hier: es fehlen dem Atom drei Elektronen
2 = Anzahl der Atome im Molekül
n = M − p

22.

	Symbol	Protonen	Neutronen	Elektronen	Massenzahl
Wasserstoff	H	1	0	1	1
Deuterium	D	1	1	1	2
Tritium	T	1	2	1	3
Helium	He	2	2	2	4

23. 7 Neutronen, 7 Protonen

24. Valenzelektronen, chemischen, Valenzelektronen

25. Ordnungszahl, Valenzelektronen, Schalen

26. Nein! Ein Element ist gerade dadurch charakterisiert, daß es aus Atomen mit ein und derselben Ordnungszahl aufgebaut ist.

27. ^{6}Li: 3 Protonen und 3 Neutronen
^{7}Li: 3 Protonen und 4 Neutronen
Isotopen

28. Ja, aber nur mit Hilfe physikalischer Methoden

29. $^{39}_{19}K$ und $^{40}_{18}Ar$

30. radioaktiver Zerfall, Strahlen

31. a) α-Strahlung: Doppelt positiv geladene Heliumionen, He^{++}
b) β-Strahlung: Elektronen, e^-
c) γ-Strahlung: sehr energiereiche Röntgenstrahlung

32. $^{M-4}_{Z-2}D$ b) $_{Z+1}^{M}E$ c) $^{M}_{Z}F$
Bei der Aussendung eines γ-Quants findet keine Elementumwandlung statt.

33. $^{238}_{92}U \xrightarrow{-^{4}_{2}\alpha} {}^{234}_{90}Th \xrightarrow{-^{0}_{-1}\beta} {}^{234}_{91}Pa$

34. Unter Halbwertszeit versteht man die Zeit, in der eine beliebige Menge reinen radioaktiven Materials zur Hälfte zerfallen ist.

35. Es soll sein: $m_t = \frac{m_0}{10}$

Eingesetzt in die Zerfallsgleichung folgt:

$$\frac{m_0}{10} = m_0 e^{-\frac{0,693 \cdot t}{10h}}$$

$$0,1 = e^{-\frac{0,0693 \cdot t}{h}}$$

$$e^{\frac{0,0693 \cdot t}{h}} = 10$$

$$\frac{0,0693 \cdot t}{h} = \ln 10$$

$$t = \frac{2,3026\,h}{0,0693}$$

$$\underline{\underline{t = 33,22\,h}}$$

Nach 33,22 h ist von der ursprünglichen Menge nur noch $\frac{1}{10}$ vorhanden.

2. Lerntest

2. a) Schmelzen
   b) Erstarren
   c) Verdampfen
   d) Kondensieren
   e) Sublimieren

3. physikalische

4. 2 a) bis e) sind physikalische Vorgänge, weil der Stoff (hier: Schwefel) nur seinen Aggregatzustand ändert.

5. Fest, flüssig und gasförmig

6. Ein chemischer Vorgang, weil ein gänzlich *neuer* Stoff (Schwefeldioxid) entsteht.

7. Ein chemischer Vorgang, denn es werden neue Stoffe gebildet.

8. Synthese

9. Analyse oder Zerlegung, chemischer, physikalischer;
   weil Luft im Gegensatz zu Wasser keine chemische Verbindung ist.

10. Form

11. in andere Stoffe umwandeln.

12. Chemische Verbindung; Schmelztemperatur (vor allem bei Substanzen in der Organischen Chemie wichtig), Siedetemperatur, Dichte, Farbe und Aggregatzustand.

14. Kochsalz (NaCl), Wasser (H_2O), Alkohol (CH_3-CH_2-OH)
    Na = Natrium
    Cl = Chlor
    H = Wasserstoff
    O = Sauerstoff
    C = Kohlenstoff

15. physikalische

16. a) Die Filtration von Sand und Wasser
    b) Das Eindampfen (= Verdampfen des Lösungsmittels) einer wäßrigen Kochsalzlösung
    c) Die Spaltung von Wasserdampf mittels Wärme →7.
    d) Das Verbrennen von Benzin: Die Kohlenwasserstoffverbindungen werden zu Kohlenoxiden und Wasser umgesetzt.

17. Umsetzung oder Reaktion

18. Molekülen

19. SO_2;
Die 2 in H_2O bedeutet, daß das Molekül aus 2 Atomen H (Wasserstoff) und 1 Atom O (Sauerstoff) besteht.
Ein anderes Beispiel: H_2SO_4 (Schwefelsäure), ein Molekül dieser Verbindung besteht aus 2 Atomen H, 1 Atom S und 4 Atomen O.

20. Diese Indizes hängen von der Wertigkeit (→24.) der Atome ab.

21. a) $2H_2O \longrightarrow 2H_2 + O_2$

4 H-Atome
\+ = 4 H-Atome + 2 O-Atome
2 O-Atome

Die Zahlen vor den Molekülen nennt man auch Koeffizienten.

b) $S + O_2 \longrightarrow SO_2$

22. a) Die Verbrennung (= Oxidation) von Propan:

$$C_3H_8 + 5O_2 \longrightarrow 3CO_2 + 4H_2O$$

b) Die Neutralisation von Natronlauge mittels Schwefelsäure:

$$2NaOH + H_2SO_4 \longrightarrow Na_2SO_4 + 2H_2O$$

c) Die Herstellung von Soda:

$$2NaHCO_3 \longrightarrow Na_2CO_3 + H_2O + CO_2$$

d) Die Hydrolyse von Calciumcarbid um Acetylen herzustellen:

$$CaC_2 + 2H_2O \longrightarrow Ca(OH)_2 + C_2H_2$$

23. Es entstehen nur Kohlendioxid und Wasser.
Aus C_nH_{2n+2} müssen $n\,CO_2$ entstehen; $2n+2$ H-Atome bilden
$\frac{2n+2}{2} = n+1\ H_2O$.

$$C_nH_{2n+2} + xO_2 \longrightarrow nCO_2 + (n+1)H_2O$$

Auf der rechten Seite der Gleichung sind $n + \frac{n+1}{2} = \frac{3n+1}{2}$ Moleküle O_2, die natürlich auch links eingesetzt werden müssen. Die vollständige allgemeine Gleichung lautet also:

$$C_nH_{2n+2} + \frac{3n+1}{2}O_2 \longrightarrow nCO_2 + (n+1)H_2O$$

24. Wertigkeit stellt einen Oberbegriff dar, der folgende Aussagen umfaßt:

a) die stöchiometrische Wertigkeit: sie gibt an wieviel einwertige Atome oder Atomgruppen ein Atom des betrachteten Elementes binden oder ersetzen kann. Durchweg einwertig ist der Wasserstoff, zweiwertig der Sauerstoff.

b) Ionenladung: sie ist die Zahl der Ladungen eines Ions, z. B. Ca^{2+}, Cl^-. Ionen entstehen, wenn Atome n Elektronen aufnehmen (→ Anionen, A^{n-}) oder abgeben (→ Kationen, K^{n+}).

c) Bindigkeit: Sie bezeichnet die Anzahl der Atombindungen, die von einem Atom ausgehen. Sie ist beim Chlor im Cl_2 eins, beim Kohlenstoff im CH_4 vier.

d) Oxidationszahl: Sie bezeichnet die Ladung eines Atoms im Molekül unter der Annahme, daß das Molekül nur aus Ionen aufgebaut ist

Beispiele: $\overset{+1}{H_2}\overset{+6}{S}\overset{-2}{O_4}$, $\overset{+6}{Cr}\overset{-2}{O_4^{--}}$, $\overset{0}{C}\overset{+1}{H_2}\overset{-1}{Cl_2}$

Die Summe der Oxidationszahlen muß bei Molekülen Null ergeben und bei Ionen gleich der Ionenladung sein.

26. Der Sauerstoff wurde reduziert.

27. a) Der Kohlenstoff im CO wird oxidiert.
b) Das Eisen im Fe_2O_3 wird reduziert.
c) Oxidationsmittel: Fe_2O_3
d) Reduktionsmittel: CO

29. $\overset{+3}{Fe_2}O_3 + 3\overset{+2}{C}O \longrightarrow 2\overset{0}{Fe} + 3\overset{+4}{C}O_2$

$\overset{0}{Cl_2} + NaOH \longrightarrow NaO\overset{+1}{Cl} + Na\overset{-1}{Cl} + H_2O$

Es wurden nur die Atome berücksichtigt, deren Oxidationszahlen sich ändern.

30. Oxidation: Erhöhung der Oxidationszahl ($\overset{+2}{C} \rightarrow \overset{+4}{C}$)
Reduktion: Erniedrigung der Oxidationszahl ($\overset{+3}{Fe} \rightarrow \overset{0}{Fe}$)

31.

MnO_4^-	$\overset{+7}{Mn}$
CrO_4^{--}	$\overset{+6}{Cr}$
HCOOH	$\overset{+2}{C}$
$H_2C_2O_4$	$\overset{+3}{C}$
CH_4	$\overset{-4}{C}$
PO_4^{3-}	$\overset{+5}{P}$
S_8	$\overset{0}{S}$
H_2O_2	$\overset{+1}{H}$, $\overset{-1}{O}$
LiH	$\overset{+1}{Li}$, $\overset{-1}{H}$
Fe_3O_4	$\overset{+3}{Fe}$, [$\overset{+2}{Fe}$ $(2(+3) + 1(+2) + 4(-2) = 0$]
HNO_3	$\overset{+5}{N}$
$H_2N_2O_2$	$\overset{+1}{N}$
$Al_2(SO_4)_3$	$\overset{+3}{Al}$, $\overset{+6}{S}$

32. Abgabe, Aufnahme, Elektronen tragen eine *negative* Elementarladung

33. a) Abgabe, b) Aufnahme, c) Oxidationsmittel,
d) Reduktionsmittel

34. reduziert, oxidiert, Reduktion, Oxidation

35. Nur die Reaktionen c), e) und f) sind möglich;
a), b) und d) laufen nicht ab, da sie die Umkehrungen von c), e) und f) darstellen.

36. Cl > Br > J   > = größer als

37. Da sich die Redox-Reaktion $Cu^{2+} + \overset{0}{Zn} \longrightarrow \overset{0}{Cu} + Zn^{2+}$ abspielt, wird Cu^{2+} reduziert und $\overset{0}{Zn}$ oxidiert.

38. Ag < Cu < Zn   < = kleiner als

39. leichter

40.

	Oxidationsmittel	Reduktionsmittel
F_2	×	
Mg		×
J^-		×
$\overset{+7}{Cl}$	×	
Zn		×

41. a) Reduktion
b) Oxidation

42. Spannungsreihe

43. Die Normalwasserstoffelektrode ($H_2/2H^+$) mit einem willkürlich festgesetzten Potential $E_0 = 0{,}00\,V$ dient als Bezugspunkt in der Spannungsreihe.

44. Zink ist unedler als Kupfer. Es hat eine größere Tendenz als Kupfer Elektronen abzugeben.
Gegenüber der Normalwasserstoffelektrode wirkt die Zinkelektrode als Anode, es geht von ihr ein Elektronenfluß aus.

$$H_2 \longleftarrow 2H^+ + 2e^- \qquad E_0 = 0{,}00\,V$$
$$Zn \longrightarrow Zn^{++} + 2e^- \qquad E_0 = -0{,}76\,V$$

Gegenüber der Normalwasserstoffelektrode wirkt die Kupferelektrode als Kathode, das heißt diesmal fließen die Elektronen von der Wasserstoffelektrode zur Kupferelektrode.

$$H_2 \longrightarrow 2H^+ + 2e^- \qquad E_0 = 0{,}00\,V$$
$$Cu \longleftarrow Cu^{++} + 2e^- \qquad E_0 = +0{,}34\,V$$

45. Zn $\longrightarrow$ $Zn^{++} + 2e^-$
Cu $\longleftarrow$ $Cu^{++} + 2e^-$

$E = E_{0+} - E_{0-} = +0{,}34\,V - (-0{,}76\,V) = 1{,}1\,V$
E_{0+} = Potential der positiven Elektrode
E_{0-} = Potential der negativen Elektrode
EMK = Elektromotorische Kraft

46. Nur a) verlängert die Lebensdauer

47. a) ja
b) nein
c) nein
d) ja
e) ja

48. Ja, die Reaktion $Cu + Hg^{++} \longrightarrow Cu^{++} + Hg$ läuft ab.

49. Es ist zweckmäßig, zuerst den Bruch

$$\frac{RT}{nF} = \frac{8{,}31\,Ws \cdot 298\,K\,mol}{5\,mol\,K \cdot 96500\,As} = 5{,}13\,mV \text{ auszurechnen}$$

Beachten Sie: $1\,W = 1\,V \cdot 1\,A$ und $1\,C = 1\,As$

$$E = 1510\,mV + 5{,}13\,mV \cdot \ln \frac{c_{MnO_4^-} \cdot c_{H^+}^8}{c_{Mn^{++}}}$$

$$c_{MnO_4^-} = 0{,}05\,\frac{val}{l} \mathrel{\hat=} 0{,}01\,\frac{mol}{l}$$

$$c_{Mn^{++}} = 0{,}20\,\frac{val}{l} \mathrel{\hat=} 0{,}10\,\frac{mol}{l}$$

$$c_{H^+}^8 = (10^{-2})^8 = 10^{-16}$$

Nebenrechnung: $\ln \frac{10^{-2} \cdot 10^{-16}}{10^{-1}} = \ln 10^{-17}$

$\ln 10^{-17} = 2{,}3026 \lg 10^{-17} \approx 2{,}3 \cdot (-17)$
$\ln 10^{-17} = -39{,}1$

Eingesetzt in die *Nernst*sche Gleichung folgt:

$$E = 1510\,mV + 5{,}13\,mv \cdot (-39{,}1)$$
$$= 1510\,mV - 200\,mV$$
$$\underline{\underline{E = +1{,}31\,V}}$$

Das Oxidationspotential E ist kleiner als +1,36 V, d.h. die Bestimmung wird nicht durch die Oxidation von Chlorid gestört.

3. Lerntest

3. b) $K_2\overset{+6}{Cr}_2O_7 + \overset{+2}{Fe}SO_4 + H_2SO_4 \rightarrow K_2SO_4 + \overset{+3}{Cr}_2(SO_4)_3 + \overset{+3}{Fe}_2(SO_4)_3 + H_2O$

c) Reduktion: $2\overset{+6}{Cr} + 6e^- \longrightarrow 2\overset{+3}{Cr}$

Oxidation: $\overset{+2}{Fe} \longrightarrow \overset{+3}{Fe} + e^-$

d) $2\overset{+6}{Cr} + 6e^- \longrightarrow 2\overset{+3}{Cr}$

$\overset{+2}{Fe} \longrightarrow \overset{+3}{Fe} + e^- \mid \cdot 6$

$2\overset{+6}{Cr} + 6\overset{+2}{Fe} \longrightarrow 2\overset{+3}{Cr} + 6\overset{+3}{Fe}$

e) $Cr_2O_7^{2-} + 6\overset{+2}{Fe} \longrightarrow 2\overset{+3}{Cr} + 6\overset{+3}{Fe} + 7H_2O$

Achten Sie darauf, daß die Sauerstoffatome der Sulfationen hier noch nicht berücksichtigt werden.

$Cr_2O_7^{2-} + 6\overset{+2}{Fe} + 14H^+ \longrightarrow 2\overset{+3}{Cr} + 6\overset{+3}{Fe} + 7H_2O$

$+24 = +24$

f) $K_2Cr_2O_7 + 6FeSO_4 + 7H_2SO_4$

$\longrightarrow K_2SO_4 + Cr_2(SO_4)_3 + 3Fe_2(SO_4)_3 + 7H_2O$

4. $2KMnO_4 + 5KNO_2 + 3H_2SO_4 \rightarrow K_2SO_4 + 2MnSO_4 + 5KNO_3 + 3H_2O$

5. b) $SnO_2 + Na_2CO_3 + \overset{0}{S} \longrightarrow Na_2Sn\overset{-2}{S}_3 + \overset{+4}{S}O_2 + CO_2$

c) Reduktion: $3\overset{0}{S} + 6e^- \longrightarrow 3\overset{-2}{S}$

Oxidation: $\overset{0}{S} \longrightarrow \overset{+4}{S} + 4e^-$

d) $3\overset{0}{S} + 6e^- \longrightarrow 3\overset{-2}{S} \mid \cdot 2$

$\overset{0}{S} \longrightarrow \overset{+4}{S} \mid \cdot 3$

$6\overset{0}{S} + 3\overset{0}{S} \longrightarrow 6\overset{-2}{S} + 3\overset{+4}{S}$

e) $9\overset{0}{S} \longrightarrow 6\overset{-2}{S} + 3SO_2$

Die auf der linken Seite fehlenden 6 Sauerstoffatome werden von SnO_2 und Na_2CO_3 geliefert. Zwei SnO_2 werden rechts benötigt:

$2SnO_2 + 9S \longrightarrow 2SnS_3^{2-} + 3SO_2$

Vier Na^+-Ionen werden als Kationen gebraucht, um das Natriumsalz der Trithiozinn(IV)-säure zu bilden:

$2Na_2CO_3 + 2SnO_2 + 9S \longrightarrow 2Na_2SnS_3 + 3SO_2 + 2CO_2$

7. $\overset{+3}{As}_2\overset{-2}{S}_3 + Na\overset{+5}{N}O_3 + Na_2CO_3 \rightarrow Na_3\overset{+5}{As}O_4 + Na_2\overset{+6}{S}O_4 + Na\overset{+3}{N}O_2 + CO_2$

Reduktionen:	$\overset{+5}{N} + 2e^-$	$\longrightarrow$	$\overset{+3}{N}$	$\mid \cdot 14$	$28e^-$ werden zur Oxidation eines Moleküls As_2S_3 benötigt.
	$2\overset{+3}{As}$	$\longrightarrow$	$2\overset{+5}{As} + 4e^-$		
Oxidation:	$3\overset{-2}{S}$	$\longrightarrow$	$3\overset{+6}{S} + 24e^-$		

$$As_2S_3 + 14NO_3^- \longrightarrow 2AsO_4^{3-} + 3SO_4^{2-} + 14NO_2^-$$

Links: 42 O-Atome   Rechts: 48 O-Atome

Zum Ausgleich der Sauerstoffatome werden $6CO_3^{2-}$-Ionen eingesetzt:

$$As_2S_3 + 14NO_3^- + 6CO_3^{2-} \longrightarrow 2AsO_4^{3-} + 3SO_4^{2-} + 14NO_2^- + 6CO_2$$

Links: 60 O-Atome   Rechts: 60 O-Atome

Ionenladungen: $-26 = -26$

Stöchiometrische Endgleichung:

$$As_2S_3 + 14NaNO_3 + 6Na_2CO_3 \longrightarrow 2Na_3AsO_4 + 3Na_2SO_4 + 14NaNO_2 + 6CO_2$$

8. $K_3[\overset{+3}{Fe}(CN)_6] + \overset{+3}{Cr}Cl_3 + KOH \longrightarrow K_4[\overset{+2}{Fe}(CN)_6] + K_2\overset{+6}{Cr}O_4 + H_2O$

Reduktion:	$\overset{+3}{Fe} + e^-$	$\longrightarrow$	$\overset{+2}{Fe}$	$\mid \cdot 3$
Oxidation:	$\overset{+3}{Cr}$	$\longrightarrow$	$\overset{+6}{Cr} + 3e^-$	

$$3[Fe(CN)_6]^{3-} + Cr^{3+} \longrightarrow 3[Fe(CN)_6]^{4-} + CrO_4^{2-}$$

Auf der linken Seite der Gleichung fehlen 4 Sauerstoffatome; um dies auszugleichen, fügt man 8 Hydroxidionen ein:

$$3[Fe(CN)_6]^{3-} + Cr^{3+} + 8OH^- \longrightarrow 3[Fe(CN)_6]^{4-} + CrO_4^{2-} + 4H_2O$$

Da auch die Summe der Ionenladungen rechts und links vom Reaktionspfeil gleich sind, ergibt sich die vollständige Gleichung:

$$3K_3[Fe(CN)_6] + CrCl_3 + 8KOH \longrightarrow 3K_4[Fe(CN)_6] + K_2CrO_4 + 4H_2O$$

9. $CH_3-\overset{-1}{C}H_2-OH + K\overset{+7}{Mn}O_4 + H_2SO_4 \longrightarrow CH_3-\overset{+3}{C}OOH + K_2SO_4 + \overset{+2}{Mn}SO_4 + H_2O$

Reduktion:	$\overset{+7}{Mn} + 5e^-$	$\longrightarrow$	$\overset{+2}{Mn}$	$\mid \cdot 4$
Oxidation:	$\overset{-1}{C}$	$\longrightarrow$	$\overset{+3}{C} + 4e^-$	$\mid \cdot 5$

$$5CH_3-CH_2-OH + 4MnO_4^- \longrightarrow 5CH_3-COOH + 4Mn^{2+}$$

Ausgleich der Sauerstoffatome:

$$5CH_3-CH_2-OH + 4MnO_4^- \longrightarrow 5CH_3-COOH + 4Mn^{2+} + 11H_2O$$

Ausgleich der Wasserstoffatome:

$$5CH_3-CH_2-OH + 4MnO_4^- + 12H^+ \longrightarrow 5CH_3-COOH + 4Mn^{2+} + 11H_2O$$

Endgleichung:

$$5\,CH_3-CH_2-OH + 4\,KMnO_4 + 6\,H_2SO_4 \longrightarrow 5\,CH_3-COOH + 2\,K_2SO_4 + 4\,MnSO_4 + 11\,H_2O$$

10. Die Kohlenstoffatome im Ring, die oxidiert werden, haben die Oxidationszahl −1.

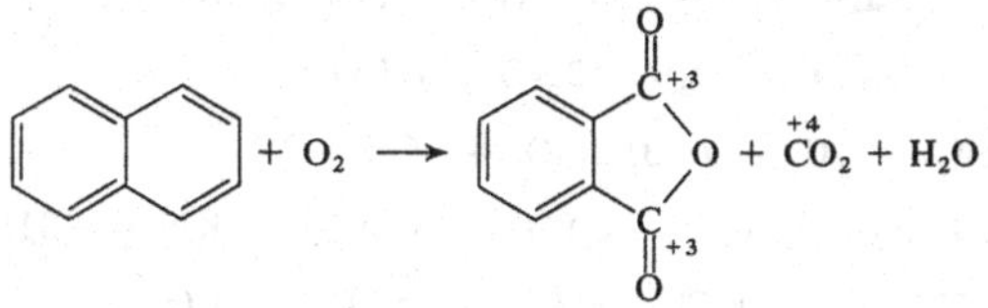

Oxidation:

$2\overset{-1}{C} \longrightarrow 2\overset{+3}{C} + 8\,e^-$

$2\overset{-1}{C} \longrightarrow 2\overset{+4}{C} + 10\,e^-$

18 e^- werden bei der Oxidation des Naphthalins zu Phthalsäureanhydrid abgegeben.

Reduktion:

$O_2 + 4\,e^- \longrightarrow 2\overset{-2}{O}$

Hauptnenner von 4 und 18 ist 36; deswegen folgt:

Oxidation:

$$\left.\begin{array}{l} 4\overset{-1}{C} \longrightarrow 2\overset{+3}{C} + 16\,e^- \\ 4\overset{-1}{C} \longrightarrow 2\overset{+4}{C} + 20\,e^- \end{array}\right\} 36\,e^-$$

Reduktion:

$9\,O_2 + 36\,e^- \longrightarrow 18\overset{-2}{O}$

Als Redox-Gleichung ergibt sich:

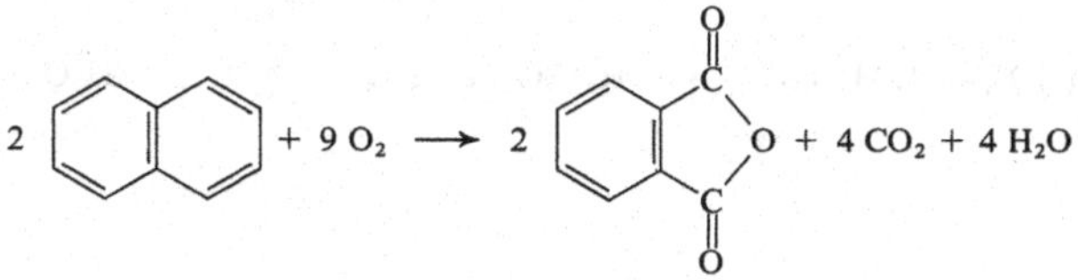

12. $H_2O_2 + 2\,(NH_4)_2Fe(SO_4)_2 + H_2SO_4 \longrightarrow Fe_2(SO_4)_3 + 2\,(NH_4)_2SO_4 + 2\,H_2O$

13. $KBrO_3 + 6\,FeSO_4 + 3\,H_2SO_4 \longrightarrow KBr + 3\,Fe_2(SO_4)_3 + 3\,H_2O$

14. $5\,KJ + KJO_3 + 6\,HCl \longrightarrow 3\,J_2 + 6\,KCl + 3\,H_2O$

15. $CO(NH_2)_2 + 2\,NaNO_2 + H_2SO_4 \longrightarrow 2\,N_2 + CO_2 + Na_2SO_4 + 3\,H_2O$

16. $2Ce(SO_4)_2 + H_3AsO_3 + H_2O \longrightarrow H_3AsO_4 + Ce_2(SO_4)_3 + H_2SO_4$

17. $2Ce(SO_4)_2 + H_2O_2 \longrightarrow O_2 + Ce_2(SO_4)_3 + H_2SO_4$

18. $2KMnO_4 + 5H_2O_2 + 3H_2SO_4 \longrightarrow K_2SO_4 + 2MnSO_4 + 8H_2O + 5O_2$

19. $2FeSO_4 + H_2O_2 + H_2SO_4 \longrightarrow Fe_2(SO_4)_3 + 2H_2O$

20. $Na_3AsO_3 + J_2 + 2NaHCO_3 \longrightarrow Na_3AsO_4 + 2NaJ + 2CO_2 + H_2O$

21. $3Cu + 8HNO_3 \longrightarrow 3Cu(NO_3)_2 + 2NO + 4H_2O$

22. $Ca_3(PO_4)_2 + 3SiO_2 + 5C \longrightarrow 3CaSiO_3 + 5CO + 2P$

23. $2KMnO_4 + 5KNO_2 + 3H_2SO_4 \rightarrow K_2SO_4 + 2MnSO_4 + 5KNO_3 + 3H_2O$

24. $2KMnO_4 + 16HCl \longrightarrow 2KCl + 2MnCl_2 + 5Cl_2 + 8H_2O$

25. $K_2Cr_2O_7 + 3H_2S + 4H_2SO_4 \longrightarrow 3S + Cr_2(SO_4)_3 + K_2SO_4 + 7H_2O$

26. $4CrO_5 + 6H_2SO_4 \longrightarrow 2Cr_2(SO_4)_3 + 6H_2O + 7O_2$

27. $K_2Cr_2O_7 + 6KJ + 7H_2SO_4 \longrightarrow Cr_2(SO_4)_3 + 3J_2 + 4K_2SO_4 + 7H_2O$

28. $K_2Cr_2O_7 + 6Fe_3O_4 + 31H_2SO_4$
$$\longrightarrow 9Fe_2(SO_4)_3 + Cr_2(SO_4)_3 + K_2SO_4 + 31H_2O$$

29. $3CH_3-CH_2-CH_2-CH_2-OH + K_2Cr_2O_7 + 4H_2SO_4$
$$\longrightarrow 3C_3H_7-CHO + K_2SO_4 + Cr_2(SO_4)_3 + 7H_2O$$

30.

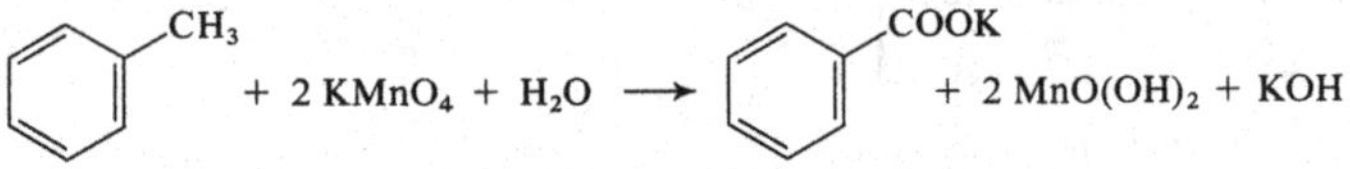

$+ 2KMnO_4 + H_2O \longrightarrow$ (...) $+ 2MnO(OH)_2 + KOH$

31.

2 (...) $+ 3Sn + 12HCl \longrightarrow 2$ (...) $+ 3SnCl_4 + 4H_2O$

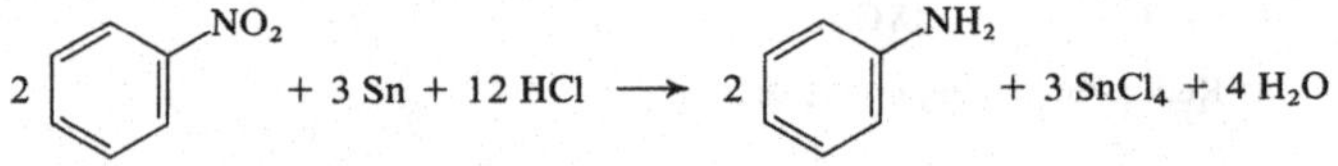

32. $C_{12}H_{22}O_{11} + 18HNO_3 \longrightarrow 6H_2C_2O_4 + 9NO + 9NO_2 + 14H_2O$

4. Lerntest

3. a) Es werden Kochsalz und Wasser aus Natronlauge und Salzsäure gebildet.
   b) 1 mol = 40 g NaOH und 1 mol = 36,5 g HCl
   bilden 1 mol = 58,5 g NaCl und 1 mol = 18 g H_2O

4. Ein Mol einer reinen Substanz sind so viele *Gramm*, wie die relative Formelmasse dieser Substanz angibt.

5. a) 2,016 g
   b) 1,008 g
   c) 14,0067 g : 4 = 3,5017 g
   d) $\frac{4 \cdot 30{,}9738\,\text{g}}{2} = 61{,}948\,\text{g}$
   e) $2 \cdot 1{,}008\,\text{g} + 32{,}064\,\text{g} + 4 \cdot 15{,}999\,\text{g} = 98{,}076\,\text{g}$
   f) 35,453 g
   g) $12 \cdot C = 144{,}13\,\text{g} \cdot \text{mol}^{-1}$ Die Werte sind gerundet.
   $22 \cdot H = 22{,}18\,\text{g} \cdot \text{mol}^{-1}$
   $11 \cdot O = 175{,}99\,\text{g} \cdot \text{mol}^{-1}$
   $m_M = 342{,}30\,\text{g} \cdot \text{mol}^{-1}$

   0,1 mol $C_{12}H_{22}O_{11}$ = 34,23 g

6. Atommassen

9. g/mol

10. $\frac{2{,}016\,\text{g mol}^{-1}}{2 \cdot 1{,}67 \cdot 10^{-24}\,\text{g}} = 6{,}0 \cdot 10^{23}\,\frac{\text{Moleküle}}{\text{mol}}$

11. *Loschmidt*sche oder *Avogadro*sche Zahl
    Der genaue Wert beträgt:
    $N_L = 6{,}02252 \cdot 10^{23}\ (\pm\ 0{,}00028 \cdot 10^{23})\ \text{mol}^{-1}$

12. Prägen Sie sich diesen Zusammenhang gut ein: $n = \frac{m}{m_M}$

13. 90,077 mg H_2O
    22,23 g $Ca(OH)_2$
    195,29 kg C_6H_6

14. Weil diese Maßzahlen Verhältniszahlen sind, die angeben, wieviel mal schwerer als eine atomare Masseneinheit u (unit) ein bestimmtes Atom ist.

    Beispiel: Stickstoff: $A_r = 14{,}0067$

    Die Masse eines Stickstoffatomes ist dann gleich 14,0067 u

15. ... die Masse des Kohlenstoffisotops C-12.
    $\frac{1}{12}$ der Masse dieses Atomes mit der Massenzahl 12 wird als 1 u bezeichnet.

    $1\,\text{u} = \frac{1}{12} \cdot \frac{12{,}0000\,\text{g}}{N_L} = 1{,}66043 \cdot 10^{-24}\,\text{g}$

Denken Sie immer daran, daß N_L-Atome genau 1 mol Atome – auch 1 Gramm-Atom genannt – sind.
Genauso gilt: 1 Mol einer chemischen Verbindung enthält N_L Moleküle und wiegt (in Gramm) soviel wie seine relative Molekülmasse M_r angibt. Die Masse eines Moleküls $m_{Molekül}$ hingegen ist $m_{Molekül} = M_r \cdot u$.

Beispiel: $M_{r,H_2O} = 18{,}015$

a) 18,015 g H_2O sind 1 mol H_2O und enthalten N_L Moleküle
b) Ein Molekül H_2O wiegt
$18{,}015\,u = 18{,}015 \cdot 1{,}66 \cdot 10^{-24}\,g$
$= 2{,}99 \cdot 10^{-23}\,g$

16. a)
$$\begin{aligned} 3 \cdot C &= 36{,}03\,g \cdot mol^{-1} \\ 5 \cdot H &= 5{,}04\,g \cdot mol^{-1} \\ 3 \cdot N &= 42{,}02\,g \cdot mol^{-1} \\ 9 \cdot O &= \underline{144{,}00\,g \cdot mol^{-1}} \\ m_M &= 227{,}09\,g \cdot mol^{-1} \end{aligned}$$

b)
$$n = \frac{m}{m_M}$$
$$= \frac{50\,g \cdot mol}{227{,}09\,g}$$
$$n = 0{,}22\,mol$$

c) 1 mol Glycerintrinitrat enthält 3 mole Kohlenstoffatome (3 g-Atome Kohlenstoff), 8 mole Wasserstoffatome, 3 mole Stickstoffatome und 9 mole Sauerstoffatome

$$n = \frac{1\,g \cdot mol}{227{,}09\,g} = 0{,}00440\,mol$$
$$n = 4{,}40\,mmol \text{ Glycerintrinitrat}$$
$$n_C = 4{,}40\,mmol \cdot 3 = 13{,}2\,mmol \text{ Kohlenstoffatome}$$
$$n_H = 4{,}40\,mmol \cdot 8 = 35{,}2\,mmol \text{ Wasserstoffatome}$$
$$n_N = 4{,}40\,mmol \cdot 3 = 13{,}2\,mmol \text{ Stickstoffatome}$$
$$n_O = 4{,}40\,mmol \cdot 9 = 39{,}6\,mmol \text{ Sauerstoffatome}$$

d) 227,09 g Glycerintrinitrat enthalten $N_L = 6{,}02 \cdot 10^{23}$ Moleküle
$$227{,}09\,g : 6{,}02 \cdot 10^{23}\,mol^{-1} = 10^{-6}\,g : x$$
$$x = \frac{10^{-6}\,g \cdot 6{,}02 \cdot 10^{23}\,mol}{227{,}09\,g\,mol}$$
$$x = 2{,}65 \cdot 10^{15} \text{ Moleküle}$$

e)
$$\begin{array}{l} \quad H_2C-O-NO_2 \\ 4\,HC-O-NO_2 \quad \longrightarrow \quad 12\,CO_2 + 10\,H_2O + 3\,N_2 + O_2 \\ \quad H_2C-O-NO_2 \end{array}$$

17. m_{Val} (Masse eines Vals einer Substanz)

18. $\ddot{A}_r = \frac{A_r}{\text{Wertigkeit}}$; Val

19. relative Äquivalentmassen

20. $1\,\text{val}_{Fe^{2+}} = \frac{55{,}85\,g}{2} = 27{,}92\,g$

$1\,\text{val}_{Fe^{3+}} = \frac{55{,}85\,g}{3} = 18{,}62\,g$

21. $\text{Anzahl Vale} = \frac{m}{m_{Val}}$

Definitionsgemäß:

23. Vale O_2 = Vale Fe   14,3 g Fe_2O_3 entstehen aus 10 g Fe und 4,3 g O_2.

$$\frac{4{,}3\,g}{m_{Val\,O_2}} = \frac{10\,g}{m_{Val\,Fe^{3+}}}$$

$$m_{Val\,O_2} = \frac{18{,}62\,g \cdot 4{,}3\,g}{10\,g} = \underline{8{,}0\,g}$$

$$\underline{\underline{\ddot{A}_{r\,O_2} = 8{,}0}}$$

24. a) $\ddot{A}_{r\,Salz} = \frac{M_{r\,Salz}}{\text{Summe der Ladungszahlen der Säurereste}}$

b) $\ddot{A}_{r\,Säure} = \frac{M_{r\,Säure}}{\text{Anzahl der in wäßriger Lösung abspaltbaren H-Atome}}$

c) $\ddot{A}_{r\,Base} = \frac{M_{r\,Base}}{\text{Anzahl der in wäßriger Lösung abspaltbaren OH-Gruppen}}$

d) $\ddot{A}_{r\,Ox.-M.} = \frac{M_{r\,Ox.-mittel}}{\text{Anzahl der aufgenommenen Elektronen}}$

e) $\ddot{A}_{r\,Red.-M.} = \frac{M_{r\,Red.-mittel}}{\text{Anzahl der abgegebenen Elektronen}}$

25. a) $\ddot{A}_{r\,BaCl_2} = \frac{M_{r\,BaCl_2}}{2} = \frac{208{,}25}{2} = 104{,}12$

b) $\ddot{A}_{r\,Ca_3(PO_4)_2} = \frac{M_{r\,Ca_3(PO_4)_2}}{6} = \frac{310{,}18}{6} = 51{,}7$

c) $\ddot{A}_{r\,H_2SO_3} = \frac{M_{r\,H_2SO_3}}{2} = \frac{82{,}078}{2} = 41{,}039$

d) $\ddot{A}_{r\,KOH} = \frac{M_{r\,KOH}}{1} = \frac{56{,}109}{1} = 56{,}109$

e) $\ddot{A}_{r\,Na_2S_2O_3} = \frac{2\,M_{r\,Na_2S_2O}}{2} = \frac{316{,}22}{2} = 158{,}11$

Die zu beachtende Reduktionsteilgleichung ist:

$2\,S_2O_3^{2-} \longrightarrow S_4O_6^{2-} + 2e^-$

2 Mol $Na_2S_2O_3$ geben 2 Elektronen ab.

f) $\ddot{A}_{r\,K_2Cr_2O_7} = \frac{M_{r\,K_2Cr_2O_7}}{6} = \frac{294{,}19}{6} = 49{,}032$

$Cr_2O_7^{2-} + 14H^+ + 6e^- \longrightarrow 2Cr^{3+} + 7H_2O$

26. Normallösungen

a) $1\,l \cdot 0{,}5\,\frac{val}{l} = 0{,}5\,val\ HCl$

Nach 21: Anzahl Vale $= \frac{m}{m_{Val}}$ folgt

$m = 0{,}5\ val \cdot 36{,}461\,\frac{g}{val} = \underline{18{,}23\,g}\ HCl$

b) $0{,}1\,l \cdot 2\,\frac{val}{l} = 0{,}2\,val$

$m = 0{,}2\,val \cdot 49{,}039\,\frac{g}{val} = \underline{9{,}808\,g\ H_2SO_4}$

c) $2{,}5\,l \cdot 0{,}1\,\frac{val}{l} = 0{,}25\,val$

$m = 0{,}25\,val \cdot 85{,}69\,\frac{g}{val} = \underline{21{,}42\,g}\ Ba(OH)_2$

Volumen (ml) · Normalität $\left(\frac{mval}{ml}\right)$ = Anzahl mval

27. $\ddot{A}_{r\,KMnO_4,\,sauer} = \frac{M_{r\,KMnO_4}}{5} = \frac{158{,}04}{5} = 31{,}608$

$\ddot{A}_{r\,KMnO_4,\,neutral} = \frac{M_{r\,KMnO_4}}{3} = \frac{158{,}04}{3} = 56{,}68$

1 l 0,5 N $KMnO_4$-Lösung enthält dann

$1\,l \cdot 0{,}5\,\frac{val}{l} = 0{,}5\,val = 0{,}5 \cdot 31{,}608\,g\ KMnO_4 = 15{,}804\,g\ KMnO_4$

In neutraler Lösung jedoch: $\frac{15{,}804\,g}{56{,}68\,g/val} = 0{,}279\,val$ (siehe 21.)

Nach 26. gilt: Volumen Normallösung · Normalität = Anzahl Vale

folglich Normalität $= \frac{\text{Anzahl Vale}}{\text{Volumen Normallösung}} = \frac{0{,}279\,val}{1\,l}$

$\underline{\underline{N = 0{,}279\,\frac{val}{l}}}$

5. Lerntest

2. $Fe_2O_3 + 3CO \longrightarrow 2Fe + 3CO_2$

   $159{,}69\,g + 3 \cdot 28{,}01\,g = 2 \cdot 55{,}85\,g + 3 \cdot 44{,}01\,g$

3. $243{,}7\,g = 243{,}7\,g$

6. a) 180,255 g SiO_2
   b) 60,055 g C
   c) 348,48 g $CaSiO_3$
   d) 61,948 g P

7. 1 t = 1000 kg Phosphorerz enthält 550 kg $Ca_3(PO_4)_2$

   Nach 4.: Aus 310,18 kg $Ca_3(PO_4)_2$ werden 61,948 kg P gebildet.

   $310{,}18\,kg : 61{,}948\,kg = 550\,kg : x$

   $$x = \frac{550\,kg \cdot 61{,}948\,kg}{310{,}18\,kg}$$

   $x = 109{,}84\,kg$ Phosphor (bei 100%iger Ausbeute)

   2,5% Verlust ≙ 2,74 kg

   Tatsächliche Ausbeute: 109,84 kg – 2,74 kg = <u>107,1 kg Phosphor</u>

8. Druck = p und Temperatur = T

9. gleich

11. a) $H_2 + Cl_2 \longrightarrow 2HCl$

    $1\,l + 1\,l \qquad 2\,l$

    b) $2H_2 + O_2 \longrightarrow 2H_2O$

    $1\,l + 0{,}5\,l \qquad 2\,l$

    c) $3H_2 + N_2 \longrightarrow 2NH_3$

    $3\,l + 1\,l \qquad 2\,l$

13. gleiches, Molvolumen, $V_M = 22{,}414 \frac{l}{mol}$

15. $\rho_{O_2} = \frac{m_M}{V_M}$ $\qquad m_M$ = Masse eines Mols

    $= \frac{32\,g\,mol}{22{,}4\,l\,mol}$

    $\rho_{O_2} = 1{,}428\,g/l$

16. 11,2 l Sauerstoff (0,5 mol)
    22,4 l Wasserstoff (1 mol)
    11,2 l Stickstoff (0,5 mol)
    22,4 l Argon } (1 mol) Diese Gase kommen nur einatomig vor.
    44,8 l Helium } (2 mol) 1 mol Ar ≙ 1 g-Atom Ar

17. $22{,}0\,g\,CO_2 = 11{,}2\,l\,CO_2 = 0{,}5\,mol\,CO_2$

19. Das Verhältnis der Zahl der Atome H, S und O ist 2:1:4.

22. Nach 11. in diesem Lerntest läßt sich Wasser zersetzen, es entsteht immer das doppelte Volumen Wasserstoff wie Sauerstoff. Mit Berücksichtigung des *Avogadro*schen Gesetzes in 9. kann man schließen: das Verhältnis der Wasserstoffmoleküle zu den Sauerstoffmolekülen muß 2:1 sein. Daraus folgt die Formel H_2O oder auch H_4O_2 etc. für Wasser.
Aber wenn bei der vollständigen Zersetzung von 36 mg = 2 mmol Wasser 44,8 ml = 2 mmol H_2 und 22,4 ml = 1 mmol O_2 entstehen, ist die Formel H_2O bestätigt.

$$2\,H_2O \longrightarrow 2\,H_2 + O_2$$

24. $KClO_4$. Analoger Lösungsweg wie in 23.

26. $m_M = 234{,}05\ g\ Ca(H_2PO_4)_2$
$m_M = 56{,}08\ g\ CaO$
$m_M = 141{,}94\ g\ P_2O_5$
$m_M = 18{,}015\ g\ H_2O$

$Ca(H_2PO_4)_2$ besteht aus CaO, P_2O_5 und $2\,H_2O$.

$$234{,}05\,g = 56{,}08\,g + 141{,}94\,g + 2 \cdot 18{,}015\,g$$

$$x = \frac{56{,}08\,g \cdot 100\,g}{234{,}05\,g} = 23{,}96\,g\ CaO$$

$$y = \frac{141{,}94 \cdot 100\,g}{234{,}05\,g} = 60{,}64\,g\ P_2O_5$$

$$z = \frac{2 \cdot 18{,}015\,g \cdot 100\,g}{234{,}05\,g} = 15{,}40\,g\ H_2O$$

$Ca(H_2PO_4)_2$ besteht aus 23,96% CaO, 60,64% P_2O_5 und 15,40% H_2O

6. Lerntest

2. Perioden
3. Gruppen
4. acht Hauptgruppen und acht Nebengruppen
5. 104 Elemente, 92 natürliche, 12 künstliche
6. der Gruppennummer, Periodennummer
7. I: Alkalimetalle
   II: Erdalkalimetalle
   III: Erdmetalle
   IV: Kohlenstoffgruppe
   V: Stickstoffgruppe
   VI: Chalkogene (Erzbildner)
   VII: Halogene (Salzbildner)
   VIII: Edelgase
8. acht
9. der Gruppennummer, in der das Element steht.
10. vor
11. Mit steigender Kernladungszahl verteilen sich die neu hinzukommenden Elektronen zuerst einzeln in die Orbitale, z. B. beim Stickstoffatom: $1s^2\ 2s^2\ 2p_x^1\ 2p_y^1\ 2p_z^1$, erst danach werden die Orbitale paarweise besetzt.
13. Blei: $1s^2\ 2s^2\ 2p^6\ 3s^2\ 3p^6\ 3d^{10}\ 4s^2\ 4p^6\ 4d^{10}\ 4f^{14}\ 5s^2\ 5p^2$
14. daß die Elektronen immer in die äußerste Schale eingebaut werden. (Hauptgruppenelemente)
    daß die Elektronen meistens in innere Schalen eingebaut werden. (Nebengruppenelemente)
15. ab ... zu.
16. zu.
17. ab ... zu.
18. kleiner ... größer
19. Metalle ... Nichtmetalle
20. metallischer Charakter: Francium
    nichtmetallischer Charakter: Fluor
21. Von rechts nach links und von oben nach unten nimmt die Basenstärke der Element-Hydroxide zu.

22. metallischen

23. a) ab b) zu c) zu d) ab e) ab f) zu

24. sich gegenüber Basen wie eine Säure und gegenüber Säuren wie eine Base verhält.
Amphotere Verbindungen bilden sowohl mit Basen wie mit Säuren Salze.

Beispiel:

$Al(OH)_3 + 3HCl \longrightarrow AlCl_3 + 3H_2O$

$Al(OH)_3 + NaOH \longrightarrow Na[Al(OH)_4]$

25. Gruppennummer

26.

Gruppennummer	1	2	3	4	5	6	7
Maximale Wertigkeit gegenüber Wasserstoff	1	2	3	4	3	2	1

27. zu ... zu

28. Säuren dissoziieren in H^+ und Säurerest, Hydride dagegen enthalten H^-

29. 1. Nebengruppe: Cu, Ag, Au
8. Nebengruppe: Fe, Co, Ni und andere

30. Nein

31. Lanthanide, Actinide, radioaktiv

32. Z = 8 (Sauerstoff) und Z = 16 (Stickstoff) gehören beide in die 6. Hauptgruppe.

33. d) Pb

34. b) Cs

35. e) Cl

36. e) Kr

37. a) CsCl

38. d) Ar

39. c) Rb + Cs

7. Lerntest

2. Molekülen

3.4.5. Die Anordnung der Valenzelektronen bei Edelgasen.

He	$1s^2$	
Ne	$2s^2$	$2p^6$
Ar	$3s^2$	$3p^6$
Kr	$4s^2$	$4p^6$
Xe	$5s^2$	$5p^6$
Rn	$6s^2$	$6p^6$

Die Bahnen sind mit Elektronen voll besetzt. Diese energetisch besonders günstige Anordnung der Valenzelektronen bringt es mit sich, daß die Edelgase ganz außerordentlich reaktionsträge sind. Sie vereinigen sich auch nicht miteinander zu Molekülen, sondern kommen nur atomar vor.

6. 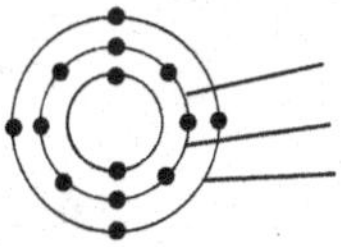

$1s^2$
$2s^2$ $2p^6$
$3s^2$ $3p^2$

7.

Ionenbindung	Atombindung
elektrovalente Bindung	kovalente Bindung
heteropolare Bindung	homöopolare Bindung
polare Bindung	unpolare Bindung

8. Wenn Atome Elektronen aufnehmen oder abgeben, kommt es zu Bildung von Ionen.

Radien: K^+: 1,33 Å | K: 2,03 Å
Cl^-: 1,81 Å | Cl: 0,99 Å

Kaliumionen sind kleiner als Kaliumatome, weil die äußere Schale (N) unbesetzt ist.
Chloridionen sind größer als Chloratome, weil die äußere Schale (M) ein Elektron mehr enthält.
Kalium- und Chloridionen haben dieselbe Elektronenzahl in ihrer Hülle wie ein Argonatom.

9. *Coulomb*sche Gesetz: Die Anziehungskraft (F) zwischen zwei elektrischen Ladungen (Q_1, Q_2) entgegengesetzten Vorzeichens ist umgekehrt proportional dem Quadrat des Abstandes (r^2) zwischen beiden und proportional den Größen der Ladungen

$$F = \frac{1}{D} \cdot \frac{Q_1 \cdot Q_2}{r^2}$$

D ist die Dielektrizitätskonstante des Mediums, beispielsweise des Lösungsmittels. Je größer die Dielektrizitätskonstante, desto kleiner die zusammenhaltende Kraft zwischen den Ionen.
Wasser hat eine Dielektrizitätskonstante von 81, dies bedeutet, daß die Kräfte im Ionenkristall auf $\frac{1}{81}$ verkleinert werden, was zur Auflösung des Kristalls in Wasser führen kann.

10. Ungerichtet

11. Jeweils sechs

12. gemeinsame bindende Elektronenpaare

13. |N ≡ N| :N:::N:

    Valenzelektronen: $2s^2\ 2p^3$

14. p-Orbitale

15. H:Ō:H,   H:$\overline{\text{Cl}}$|,   H:N̈:H (mit H über N)

    Ō::C::Ō und H:C:H (mit H über und unter C)

16. a) 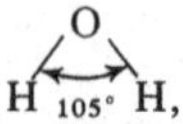 eben
    b) Das Stickstoffatom bildet die Spitze einer Pyramide, die Wasserstoffatome die Ecken des darunterliegenden gleichseitigen Dreiecks.
    c) Methan ist tetraedrisch gebaut, das Kohlenstoffatom befindet sich in der Mitte und die Wasserstoffatome an den vier Ecken des Tetraeders.

17. Die Liganden sind mit dem Zentralatom durch ein gemeinsames Elektronenpaar verbunden. Die Bindung unterscheidet sich aber doch von der Atombindung, weil in Komplexen das gesamte Elektronenpaar und nicht nur ein einzelnes Elektron von einem Partner stammt. Man bezeichnet diese Bindung auch als koordinative Bindung.

    Beispiel:

    NH_3

    $H_3N : Zn : NH_3$

    NH_3

18. Im $[Fe(CN)_6]^{4-}$-Ion hat das Eisen eine stabile Elektronenkonfiguration. Fe^{2+} hat 24 Elektronen, sechs CN^--Ionen steuern noch insgesamt 12 Elektronen bei, so daß im $[Fe(CN)_6]^{4-}$-Ion das Eisen von 36 Elektronen umgeben ist. 36 Elektronen hat aber auch das stabile Edelgas Krypton.

    Das $[Fe(CN)_6]^{3-}$-Ion hat insgesamt nur 23 + 12 = 35 Elektronen, es erreicht nicht die Edelgaskonfiguration und ist deswegen ein Oxidationsmittel:

    $$[\overset{+3}{Fe}(CN)_6]^{3-} + e^- \longrightarrow [\overset{+2}{Fe}(CN)_6]^{4-}$$

19. Die meisten Metalle kristallieren in Gittern, in denen sich jedes Atom mit so vielen anderen umgibt, wie es der verfügbare Platz erlaubt. Die Bindungen zwischen den Atomen sind nicht nur auf einen Partner gerichtet, sondern auf alle nächsten Nachbarn. Insgesamt sieht es so aus, daß die Metallatome ihre Außenelektronen abgeben und die entstandenen Metallkationen durch die negativen Elektronen zusammengehalten werden. Diese im Metallverband beweglichen Elektronen verursachen auch die typisch metallischen Eigenschaften.

20. Ein Molekül hat immer dann Dipolcharakter, wenn das bindende Elektronenpaar nicht symmetrisch verteilt ist und deswegen die Schwerpunkte von positiver und negativer Ladung nicht zusammenfallen. Die Halogenwasserstoffe zeigen alle ein Dipolmoment, weil die Elektronegativität vom Jod zum Fluor hin ansteigt.

21. Kovalente Moleküle, bei denen ein teilweiser Ionenbindungscharakter zu bemerken ist, sind Dipole.

22. Wassermoleküle $\overset{\delta+}{H}\!-\!\overset{\delta-}{O}\!-\!\overset{\delta+}{H}$ gruppieren sich mit ihrem positiven Ende um Anionen (umgekehrt um Kationen) und übernehmen einen Teil der Ladung des Ions. Dieser Vorgang wird Hydratation genannt und bedeutet eine Senkung der Energie des Lösevorganges von Salzen im Wasser.

8. Lerntest

2.

	stromleitend	
	ja	nein
Destilliertes Wasser		×
Kaliumchloridlösung	×	
Zuckerlösung		×

3. In den Lösungen, die Ionen enthalten, findet ein Ladungstransport statt, d. h., sie sind stromleitend.

4. Nein. Beweise für die elektrolytische Dissoziation sind:
   a) die elektrische Leitfähigkeit von Elektrolyten
   b) die Erhöhung des osmotischen Druckes in Lösungen
   c) die Siedepunktserhöhung von Lösungen
   d) die Gefrierpunktserniedrigung von Lösungen

   b), c) und d) finden überproportional statt, d. h., ein NaCl-Molekül hat die doppelte Wirkung wie ein nicht dissoziierendes Zuckermolekül.

5. Thermische Dissoziation

6. thermischen Dissoziation ein.

7. Elektrolyte

8. Nein, nur im geschmolzenen Zustand leiten Salze den elektrischen Strom.

9. Elektrolyte: NaCl, H_2SO_4, $NaNO_3$ und HCl
   Leiter 2. Ordnung, 1. Ordnung, zunimmt

10. Dissoziation; Jodwasserstoffsäure ist stärker dissoziiert als Flußsäure

11. stark: HCl, $HClO_3$, NH_4Cl, Na_2SO_4, CH_3COONH_4, $Ca(OH)_2$
    mittel: HF, H_2SO_3
    schwach: NH_4OH, CH_3COOH, HCN

12. $\alpha = \frac{\text{Anzahl der dissoziierten Moleküle}}{\text{Gesamtanzahl der gelösten Moleküle}}$

13. 1,5% aller gelösten Moleküle sind dissoziiert

14. $\alpha = \frac{0{,}7}{100} = 0{,}007$

15. b) sauer
    c) alkalisch

16. a) KCl, K_2SO_4
b) $AlCl_3$, NH_4Cl, $MgCl_2$
c) Na_2CO_3, Na_2S, CH_3COONa,

Kationen (B^+) schwacher Basen reagieren mit Wasser nach folgender Gleichung:

$$B^+ + H_2O \longrightarrow BOH + H^+ .$$

Dieser Fall liegt bei b) vor.
Anionen (A^-) schwacher Säuren reagieren mit Wasser wie folgt:

$$A^- + H_2O \longrightarrow HA + OH^- .$$

Hier handelt es sich um Verbindungen der Gruppe c).
Diese Vorgänge nennt man Hydrolyse.

17. Zuerst Dissoziation, dann Hydrolyse:

$$Na_2CO_3 \longrightarrow 2\,Na^+ + CO_3^{2-}$$

Wasser dient als Lösungsmittel, das selbst geringfügig dissoziiert ist und mit den entstandenen Ionen reagieren kann:

a) $2\,Na^+ + 2\,OH^- \rightleftarrows 2\,NaOH$
b) $CO_3^{2-} + 2\,H^+ \rightleftarrows H_2CO_3$

Bei der Reaktion a) liegt das Gleichgewicht vollkommen auf der linken Seite (starke Base) und bei der Reaktion b) überwiegend auf der rechten Seite (schwache Säure). Dadurch ist es bedingt, daß ein Überschuß von OH^--Ionen vorliegt, so daß eine Sodalösung alkalisch reagiert.

18. Lösungsmittel und gelöstem Stoff.

19. Prozentgehalt (Massen- oder Volumenprozent),

$$\frac{\text{Gramm Substanz}}{\text{Liter Lösung}}, \quad \frac{\text{Gramm Substanz}}{\text{100 g Lösungsmittel}}, \quad \frac{\text{val Substanz}}{\text{Liter Lösung}},$$

$$\frac{\text{Mol Substanz}}{\text{Liter Lösung}}, \quad \frac{\text{mol Substanz}}{\text{1000 g Lösungsmittel}},$$

Molenbruch der gelösten Substanz:

$$x = \frac{\text{Mole gelöster Substanz}}{\text{Mole gelöster Substanz und Mole Lösungsmittel}}$$

20. tiefer, höher

21. ja

22. 0,52 grd: ebullioskopische Konstante
1,86 grd: kryoskopische Konstante
NaCl: doppelte Erhöhung, bzw. Erniedrigung
Na_2SO_4: dreifache Erhöhung, bzw. Erniedrigung
Vollständige Dissoziation in zwei bzw. drei Ionen dabei vorausgesetzt.

23. Zuerst berechnen wir die Gefrierpunkterniedrigung

$\Delta\vartheta$: 178,0 °C – 165,5 °C = 12,5 grd.

14,0 mg der organischen Substanz sind in 248,3 mg Campher enthalten, in 1000 mg wären es

$$\frac{14{,}0\,\text{mg} \cdot 1000\,\text{mg}}{248{,}3\,\text{mg}} = 56{,}4\,\text{mg}$$

Wenn diese 56,4 mg genau 1 mmol wären, müßte eine Gefrierpunktserniedrigung von 40 grd gemessen werden. Die gemessenen 12,5 grd entsprechen dann nur

$$\frac{12{,}5\,\text{grd} \cdot 1\,\text{mmol}}{40{,}0\,\text{grd}} = 0{,}3125\,\text{mmol}.$$

Nach $m_M = \frac{m}{n}$ läßt sich die Molmasse berechnen:

$$m_M = \frac{m}{n} \quad (\text{m = eingewogene Substanzmenge, n = Anzahl Mole})$$

$$m_M = \frac{56{,}4\,\text{mg}}{0{,}3125\,\text{mmol}}$$

$$\underline{m_M = 180{,}4\,\text{g/mol} \qquad M_r = 180{,}4}$$

Oder nach einer Gleichung berechnet:

K = ebullioskopische Konstante
m = eingewogene Substanzmenge,
m_{LM} = Masse des Lösungsmittels
$\Delta\vartheta$ = Temperaturdifferenz

$$M_r = \frac{K \cdot m \cdot 1000}{m_{LM} \cdot \Delta\vartheta}$$

$$M_r = \frac{40{,}0\,\text{grd} \cdot 14{,}0\,\text{mg} \cdot 1000}{248{,}3\,\text{mg} \cdot 12{,}5\,\text{grd}}$$

$$\underline{\underline{M_r = 180{,}4}}$$

24. Semipermeable (halbdurchlässige) Membran, osmotischer Druck

25. $\pi V_L = nRT$

$$\pi V_L = \frac{m}{m_M} RT$$

$$m_M = \frac{mRT}{\pi V_L}$$

m = Masse gelöster Substanz (g)
R = allgemeine Gaskonstante = 0,082 l atm mol^{-1} grd^{-1} = 0,0831 l bar K^{-1} mol^{-1}
T = absolute Temperatur (K)
π = osmotischer Druck (atm)
V_L = Volumen der Lösung (l)

9. Lerntest

2. $CH_3COOH \rightleftarrows CH_3COO^- + H^+$. Wenn in einer Lösung sich die Konzentrationen der undissoziierten Essigsäure, der Acetationen und der Wasserstoffionen entsprechend dem Reaktionsgleichgewicht eingestellt haben, scheint ein Ruhezustand eingetreten zu sein. In Wirklichkeit spielen sich nach wie vor die chemischen Vorgänge der Hin- und Rückreaktion ab, nur sind die Reaktionsgeschwindigkeiten der Hin- und Rückreaktion gleich groß, so daß nach außen hin keine Konzentrationsänderung zu bemerken ist.

3. Konzentration der Wasserstoffionen, gemessen in mol/l.

4. Das Produkt der Konzentrationen von Acetat- und Wasserstoffionen, dividiert durch die Konzentration der undissoziierten Essigsäure, ist bei gegebener Temperatur konstant.

$$\frac{c_{CH_3COO^-} \cdot c_{H^+}}{c_{CH_3COOH}} = K$$

5. K = Dissoziationskonstante

6. $$\frac{D^k \cdot E^l \cdot F^m}{A^x \cdot B^y \cdot C^z} = K$$

7. $c_{H^+} \cdot c_{OH^-} = K_w = 10^{-14}\,mol^2/l^2$ (bei 25 °C)

8. $$c_{H^+} \cdot c_{OH^-} = 10^{-14}\,mol^2/l^2$$
$$c_{OH^-} = \frac{10^{-14}\,mol^2/l^2}{10^{-3}\,mol/l}$$
$$c_{OH^-} = \underline{10^{-11}\,mol/l}$$

9. $$c_{OH^-} = \frac{0{,}034\,mol}{51} = 0{,}0068\,mol/l = 6{,}8 \cdot 10^{-3}\,mol/l$$
$$c_{H^+} \cdot c_{OH^-} = 10^{-14}\,mol^2/l^2$$
$$c_{H^+} = \frac{10 \cdot 10^{-15}\,mol^2/l^2}{6{,}8 \cdot 10^{-3}\,mol/l}$$
$$c_{H^+} = 1{,}47 \cdot 10^{-12}\,mol/l$$

10. 10^{-9} mol/l OH^--Ionen entspricht 10^{-5} mol/l H^+-Ionen, folglich reagiert die Lösung sauer.

11. Der pH-Wert ist definiert als der negative dekadische Logarithmus der Wasserstoffionenkonzentration:

$$pH = -\lg c_{H^+}$$

12. $$-\lg c_{H^+} = pH = 6{,}40$$
$$\lg c_{H^+} = -6{,}40$$
$$\lg c_{H^+} = 0{,}60-7$$
$$\underline{c_{H^+} = 4 \cdot 10^{-7}}$$

$$c_{H^+} = 7 \cdot 10^{-5}$$
$$\lg(7 \cdot 10^{-5}) = 0{,}85-5 = -4{,}15$$
$$\underline{pH = 4{,}15}$$

13. Lösungen, deren pH-Wert sich auch bei Zusatz größerer Mengen starker Säure oder Base nur wenig ändert, bezeichnet man als Pufferlösungen. Eine Pufferlösung besteht z. B. aus einer schwachen Säure und einem Salz dieser schwachen Säure mit einer starken Base:

CH_3COOH/CH_3COONa.

14. Essigsäure ist eine schwache Säure, nur ein Teil der Moleküle ist dissoziiert, quantitativ durch das Massenwirkungsgesetz ausdrückbar:

$$\frac{c_{CH_3COO^-} \cdot c_{H^+}}{c_{CH_3COOH}} = K.$$

Dieser Wert für K muß sich auch nach Zugabe von Acetationen wieder einstellen.

$c_{CH_3COO^-}$ ist größer geworden, folglich muß c_{H^+} kleiner werden ($H^+ + CH_3COO^- \rightarrow CH_3COOH$), d.h., die Wasserstoffionenkonzentration wird geringer, die Lösung wird weniger sauer. Man sagt auch, die Säure wird abgestumpft.

15. $$CH_3-CH_2-OH + CH_3COOH \rightleftarrows CH_3-\overset{\overset{\large O}{\|}}{C}-O-CH_2-CH_3 + H_2O$$

$$\text{Äthanol} + \text{Säure} \rightleftarrows \text{Ester} + \text{Wasser}$$

$$K = \frac{c_{Ester} \cdot c_{Wasser}}{c_{Äthanol} \cdot c_{Säure}}$$

$$K = \frac{\frac{2}{3} \cdot \frac{2}{3}}{(1-\frac{2}{3}) \cdot (1-\frac{2}{3})}$$

$$K = \frac{\frac{2}{3} \cdot \frac{2}{3}}{\frac{1}{3} \cdot \frac{1}{3}}$$

$$K = \frac{\frac{4}{9}}{\frac{1}{9}}$$

$\underline{K = 4}$ (Gleichgewichtskonstante)

Erhöhung der Ausbeute durch Konzentrationserhöhung *eines* Reaktionspartners. Beachten Sie bitte, daß in das Massenwirkungsgesetz nur die Konzentrationen *nach* Einstellung des Gleichgewichts einzusetzen sind: Es haben sich x mol Ester und x mol Wasser gebildet.

$$\frac{c_{Ester} \cdot c_{Wasser}}{c_{Äthanol} \cdot c_{Säure}} = 4$$

$$\frac{x \cdot x}{(3-x)(1-x)} = 4$$

$$\frac{x^2}{x^2 - 4x + 3} = 4$$

$$x^2 = 4x^2 - 16x + 12$$
$$3x^2 - 16x + 12 = 0$$
$$x^2 - \tfrac{16}{3}x + 4 = 0$$
$$x_{1,2} = +\tfrac{16}{6} \pm \sqrt{\tfrac{256}{36} - \tfrac{144}{36}}$$
$$= +\tfrac{16}{6} \pm \sqrt{\tfrac{28}{9}}$$
$$\underline{x_1 = 4{,}43}$$
$$\underline{x_2 = 0{,}90}$$

x_1 ist ein sinnloses Ergebnis, da nicht 4,43 mol Ester aus 1 mol Säure gebildet werden können. $x_2 = 0{,}90$ mol ist die Ausbeute an Ester, eine Steigerung gegenüber der Ausbeute ($\tfrac{2}{3}$ mol Ester), die aus 1 mol Säure und 1 mol Äthanol erhalten wurde.

16. Das Löslichkeitsprodukt K_L von Kochsalz wird überschritten.

$K_L = c_{Na^+} \cdot c_{Cl^-}$.

Bei einer Erhöhung Chloridionen-Konzentration muß festes NaCl ausfallen, daß das Produkt der Konzentrationen von Na^+ und Cl^- nicht größer als das Löslichkeitsprodukt (K_L) werden kann.

17. $K_L = c_{Mg^{2+}} \cdot c_{NH_4^+} \cdot c_{PO_4^{3-}}$

18. Das Ausfallen von Niederschlägen erlaubt die qualitative und quantitative Bestimmung von Substanzen. Der Trennungsgang und die Gravimetrie gründen sich darauf.

19. $K_L = c_{Pb^{2+}} \cdot c_{Cl^-}^2 = 1{,}7 \cdot 10^{-5}\,\text{mol}^3/\text{l}^3$ (1)
Dissoziationsgleichung: $PbCl_2 \rightleftarrows Pb^{2+} + Cl^- + Cl^-$, daraus folgt $c_{Cl^-} = 2c_{Pb^{2+}}$. In (1) eingesetzt:

$$c_{Pb^{2+}} \cdot 4 \cdot c_{Pb^{2+}}^2 = K_L$$
$$4c_{Pb^{2+}}^3 = K_L$$
$$c_{Pb^{2+}}^3 = \frac{17 \cdot 10^{-6}\,\text{mol}^3/\text{l}^3}{4}$$
$$c_{Pb^{2+}} = \sqrt[3]{4{,}25 \cdot 10^{-6}\,\text{mol}^3/\text{l}^3}$$
$$\underline{c_{Pb^{2+}} = 1{,}62 \cdot 10^{-2}\,\frac{\text{mol}}{\text{l}}}$$

Nach $m = n \cdot m_M$ läßt sich die Masse des Bleichlorids in g berechnen:

$$m = 1{,}62 \cdot 10^{-2}\,\frac{\text{mol}}{\text{l}} \cdot 278{,}10\,\frac{\text{g}}{\text{mol}}$$

$$m = 4{,}5\,\frac{\text{g}}{\text{l}}$$

Die Löslichkeit beträgt 4,5 g $PbCl_2$ pro Liter Lösung.

20. abgeben, aufnehmen

$BH \rightleftharpoons B|^- + H^+$

Säure: BH
Base: $B|^-$

Base, Säure

$HCl + H_2O \rightleftharpoons H_3O^+ + Cl^-$
$NH_4^+ + H_2O \rightleftharpoons H_3O^+ + NH_3$
$HSO_4^- + H_2O \rightleftharpoons H_3O^+ + SO_4^{2-}$

21. Ampholyte

10. Lerntest

1. *Boyle-Mariotte*sches Gesetz: $p \cdot V = \text{Konstant}$

   oder $p_1 \cdot V_1 = p_2 \cdot V_2$;

   Index 1: Zustand vor der Zustandsänderung

   Index 2: Zustand nach der Zustandsänderung

2. $V_1 = 10\,l$ $\quad p_1 = 1\,\text{at}$

   a) $V_2 = 5\,l$ $\quad p_2 = 2\,\text{at}$ (das Doppelte)

   b) $V_3 = 3\frac{1}{3}\,l$ $\quad p_3 = 3\,\text{at}$ (das Dreifache)

   c) $V_4 = 2\frac{1}{2}\,l$ $\quad p_4 = 4\,\text{at}$ (das Vierfache)

   d) $V_5 = 2\,l$ $\quad p_5 = 5\,\text{at}$ (das Fünffache)

   e) $V_6 = 1\,l$ $\quad p_6 = 10\,\text{at}$ (das Zehnfache)

   Der Druck verhält sich zum Volumen umgekehrt proportional. Mit Hilfe des *Boyle-Mariotte*schen Gesetzes läßt sich der Druck berechnen:

   $$p_2 = \frac{p_1 \cdot V_1}{V_2}$$

   $$p_3 = \frac{p_2 \cdot V_2}{V_3}$$ und so fort.

3. $\frac{1}{273} = 0{,}00366$ (Raumausdehnungszahl)

4. $V = V_0 + V_0 \cdot \frac{\vartheta}{273\,°C} = V_0\left(1 + \frac{\vartheta}{273\,°C}\right)$

5. a) $\vartheta = 40° - 22° = 18°$; $\quad V = 31{,}98\,l$

   b) $\vartheta = -5° - 22° = -27°$; $\quad V = 27{,}03\,l$

6.

Abs. Temperatur T (K)	Temperatur ϑ (°C)
0 K	−273 °C
100 K	−173 °C
273 K	0 °C
373 K	100 °C

   $T = \vartheta + 273\,°C$

7. Aus $V = V_0\left(1 + \frac{\vartheta}{273\,°C}\right)$ und $\vartheta = T - 273\,°C$

   folgt $V = V_0\left(1 + \frac{T - 273}{273}\right) = V_0\left(\frac{273 + T - 273}{273}\right)$

   $\frac{V}{V_0} = \frac{T}{273}$ $\quad V_0$ = Volumen bei 0 °C = 273 K

   Verallgemeinert lautet das Gesetz: $\frac{V_1}{V_2} = \frac{T_1}{T_2}$

Index 1 bedeutet: Gaszustand vor der Veränderung
Index 2 bedeutet: Gaszustand nach der Veränderung

8. $$T_2 = \frac{T_1 \cdot V_2}{V_1}$$

$$= \frac{293\,K \cdot 0{,}3\,m^3}{0{,}1\,m^3}$$

$$\underline{T_2 = 879\,K}$$

10. $$\frac{p_0 V_0}{T_0} = \frac{p \cdot V}{T};$$ Die Größen mit dem Index 0 beschreiben den Zustand des Gases bei Normbedingungen

$$V_0 = \frac{p \cdot V \cdot T_0}{T \cdot p_0}$$

$$= \frac{975\,mbar \cdot 850\,ml \cdot 273\,K}{295\,K \cdot 1013\,mbar}$$

$$\underline{V_0 = 757{,}1\,ml}$$

12. $$R = \frac{22{,}414\,l\,mol^{-1} \cdot 1\,atm}{273\,K} = \frac{22{,}414\,l\,mol^{-1} \cdot 1{,}013\,bar}{273\,K}$$

$$R = 0{,}082\,l\,atm\,mol^{-1}\,K^{-1} = 0{,}083\,l\,bar\,mol^{-1}\,K^{-1}$$

13. $$R = \frac{p \cdot V_M}{T} \quad \text{oder} \quad pV_M = RT$$

15. $$m_M = \frac{mRT}{pV}$$

Wobei m = Masse, T = abs. Temperatur, p = Druck und V = Volumen eines Gases bedeuten; $R = 0{,}082\,l\,atm\,mol^{-1}\,K^{-1}$ ist die universelle Gaskonstante und m_M bedeutet Masse eines Mols, die in Gramm ausgedrückt den gleichen Zahlenwert hat wie die relative Molekülmasse = M_r.

11. Lerntest

2. Anodenreaktion: $2Cl^- \longrightarrow Cl_2 + 2e^-$
   Kathodenreaktion: $Na^+ + e^- \longrightarrow Na$
3. Reduktion, Oxidation, reduzierend, oxidierend
5. Es werden die Äquivalentmassen von Natrium, Calcium und Aluminium abgeschieden: 23 g Na, 20 g Ca und 9 g Al.
6. $1{,}602 \cdot 10^{-19}\,C = e =$ Elementarladung
7. $6{,}02 \cdot 10^{23} \cdot 1{,}60 \cdot 10^{-19}\,C \approx 96500\,C$
8. 63,54 g Kupfer (2 val)
   22,4 l Chlor (2 val)
9. 1. Zelle: $\frac{Fe^{2+}}{2} + e^- \longrightarrow \frac{Fe}{2}$ (1 val $Fe^{2+} = 27{,}92$ g)

   $Cl^- \longrightarrow \frac{Cl_2}{2} + e^-$ (1 val $Cl^- = 11{,}2$ l Chlor unter Normbedingungen) .

   2. Zelle: $\frac{Fe^{3+}}{3} + e^- \longrightarrow \frac{Fe}{3}$ (1 val $Fe^{3+} = 18{,}61$ g)

   $Cl^- \longrightarrow \frac{Cl_2}{2} + e^-$ (wie in der 1. Zelle)

10. $m = \frac{m_{\ddot{A}} \cdot I \cdot t}{F} = c \cdot I \cdot t$
11. $m = \frac{m_{\ddot{A}} \cdot I \cdot t \cdot \eta}{F}$
12. $m = \frac{107{,}87\,g \cdot 2\,A \cdot 1200\,s \cdot 0{,}98}{96500\,As}$

    $m = 2{,}63\,g$
13. 120 ml Knallgas bestehen aus 80 ml Wasserstoff und 40 ml Sauerstoff.

    Zersetzungsgleichung: $2H_2O \longrightarrow 2H_2 + O_2$
    44,8 l   22,4 l

    Dazu sind insgesamt 4 F (= 4 · 26,8 Ah = 107,2 Ah) nötig.

    107,2 Ah liefern 67,2 l Knallgas

    0,12 l Knallgas benötigen $\frac{107{,}2\,Ah \cdot 0{,}12\,l}{67{,}2\,l} = 0{,}19$ l Ah

    $Q = I \cdot t$

    $t = \frac{Q}{I}$

$$t = \frac{0{,}191\ \text{Ah}}{0{,}9\ \text{A}}$$

$t = 0{,}21\ \text{h}$

0,21 h dauert die Zersetzung von angesäuertem Wasser, bis 120 ml Knallgas entstanden sind.

14. Oberfläche des Würfels: $A = 6a^2$

$A = 6 \cdot 64\ \text{cm}^2$

$A = 384\ \text{cm}^2 = 3{,}84\ \text{dm}^2$

Volumen des Chromüberzugs: $V = A \cdot d$

$V = 384\ \text{cm}^2 \cdot 0{,}001\ \text{cm}$

$V = 0{,}384\ \text{cm}^3$

Masse des Chromüberzugs: $m = \rho \cdot V$

$$m = 6{,}92 \frac{\text{g}}{\text{cm}^3} \cdot 0{,}384\ \text{cm}^3$$

$m = 2{,}657\ \text{g}$

a) Der Elektrolyt muß mindestens 2,657 g Chrom enthalten.

b) Die Stromstärke errechnet sich aus der Stromdichte.

$$S = \frac{I}{A}$$

$I = S \cdot A$

$$= \frac{12\ \text{A} \cdot 3{,}84\ \text{dm}^2}{\text{dm}^2}$$

$I = 46{,}08\ \text{A}$

Die Gleichung in 11. läßt sich nach t umstellen:

$$t = \frac{m \cdot F}{m_{\ddot{A}} \cdot I \cdot \eta}$$

$$t = \frac{2{,}657\ \text{g} \cdot 26{,}8\ \text{Ah}}{17{,}332\ \text{g} \cdot 46{,}08\ \text{A} \cdot 0{,}25}$$

$t = 0{,}36\ \text{h}$

Das Verchromen dauert 0,36 h.

15. $2\,H_2O \longrightarrow 2\,H_2 + O_2$

4 F werden dazu benötigt, um 67,2 l Knallgas zu erzeugen.

1 F liefert $\frac{67{,}2\ \text{l}}{4} = 16{,}8\ \text{l}$ Knallgas.

107,87 mg Silber

1 F zersetzt oder scheidet 1 val einer Verbindung ab.

Nach dem 2. *Faraday*schen Gesetz in 4.:

Vale erzeugtes Knallgas = Vale abgeschiedenen Metalls

$$\frac{V_0}{16{,}8\ \text{ml}} = \frac{m}{m_{\ddot{A}}}$$

$$m_{\ddot{A}} = \frac{19{,}86\,\text{mg} \cdot 16{,}8\,\text{ml}}{10{,}5\,\text{ml}}$$

$m_{\ddot{A}} = 31{,}77\,\text{mg} = 1\,\text{mval}$ Kupfer

16. $12\,g\ Na_2SO_4 + 100\,g$ Wasser $= 112\,g$ Lösung

Diese Lösung ist $\frac{12\,g \cdot 100\%}{112\,g} = 10{,}71$-prozentig an Natriumsulfat.

100 g 30%ige Lösung enthalten 30 g reines Natriumsulfat.

Mit 12 g Natriumsulfat lassen sich $\frac{100\,g \cdot 12\,g}{30\,g} = 40\,g$ Lösung (30%ig) herstellen, d.h., $112\,g - 40\,g = 72\,g$ Wasser müssen zersetzt werden.

$$t = \frac{m \cdot F}{m_{\ddot{A},\,H_2O} \cdot I}$$

$$= \frac{72\,g \cdot 26{,}8\,Ah}{9\,g \cdot 5\,A}$$

$t = 42{,}9\,h$

17. $2\,Al_2O_3 \longrightarrow 4\,Al + 3\,O_2$

Zur Entladung von $4\,Al^{3+}$ sind 12 F nötig.

$4\,Al = 107{,}9\,g$.

107,9 g Al benötigen 12 F, 1 kg dann $\frac{12\,F \cdot 1000\,g}{107{,}9\,g} = \underline{111{,}2\,F}$

Bei Berücksichtigung der Stromausbeute sind es $\frac{111{,}2\,F \cdot 100\%}{30\%} = 370{,}6\,F$

In 11. stand die Gleichung zur Berechnung der elektrischen Energie: $W = U \cdot I \cdot t$

Denken Sie daran, daß $1\,F = 26{,}8\,Ah$ eine Ladung darstellt, die das Produkt von Stromstärke und Zeit ist.

$W = U \cdot I \cdot t \quad (1\,VAh = 1\,Wh)$

$W = 5\,V \cdot 307{,}6 \cdot 26{,}8\,Ah$

$W = 41{,}2\,kWh$

Die Stromkosten für 1 kg Aluminium belaufen sich auf

$$\frac{41{,}2\,kWh \cdot 0{,}03\,DM}{kWh} = 1{,}24\,DM.$$

12. Lerntest

2. Acidimetrie: Der Gehalt von Säuren wird mit Hilfe von Basen bestimmt:

$$CH_3COOH + \underset{\text{(Maßlösung)}}{NaOH} \longrightarrow CH_3COONa + H_2O$$

Alkalimetrie: Der Gehalt von Basen wird mit Hilfe von Säuren bestimmt:

$$NaOH + \underset{\text{(Maßlösung)}}{HCl} \longrightarrow NaCl + H_2O$$

4. Um die genaue Konzentration (= den Titer) einer Maßlösung zu ermitteln, setzt man sie mit einer bekannten Menge einer Urtitersubstanz um (siehe 10.). Als Urtitersubstanzen eignen sich solche Substanzen, die sehr rein dargestellt und genau abgewogen werden können.

5. Natriumcarbonat ist ein Urtiter für Salzsäure.
Oxalsäure-2-hydrat ist ein Urtiter für Natronlauge.

6. Normalität (N) ist ein Konzentrationsmaß, es gibt an, wieviel Grammäquivalente (Val) eines Stoffes in einem Liter Lösung enthalten sind.

8.

Verbindung	Relative Äquivalentmasse
H_2SO_4	$\frac{H_2SO_4}{2} = 49{,}039$
HCl	$\frac{HCl}{1} = 36{,}461$
CH_3COOH	$\frac{CH_3COOH}{1} = 60{,}053$
NaOH	$\frac{NaOH}{1} = 39{,}997$
$Ca(OH)_2$	$\frac{Ca(OH)_2}{2} = 37{,}05$

10. Bei analytischen Berechnungen gehen Sie bitte immer schrittweise vor:
a) Reaktionsgleichung aufstellen:

$$Na_2CO_3 + 2\,HCl \longrightarrow 2\,NaCl + H_2O + CO_2$$

b) Äquivalentbeziehung finden:

$1\ \text{val}\ Na_2CO_3 \triangleq 1\ \text{val HCl} = 1000\ \text{ml}\ 1\ \text{N Salzsäure}$ oder
$1\ \text{mval}\ Na_2CO_3 \triangleq 1\ \text{mval HCl} = 1\ \text{ml}\ 1\ \text{N Salzsäure}$

c) Zahlenwerte einsetzen:

$53{,}0\ \text{mg}\ Na_2CO_3 \triangleq 1\ \text{mval HCl}$
$227{,}3\ \text{mg}\ Na_2CO_3 \triangleq x$

$$x = \frac{1\ \text{mval HCl} \cdot 227{,}3\ \text{mg}}{53{,}0\ \text{mg}}$$

$$x = 4{,}289\ \text{mval HCl}$$

Nach 9. gilt: $m = V \cdot N$, wobei m = Masse in mval, V = Volumen in ml und N = Normalität in $\frac{\text{mval}}{\text{ml}}$ ist.

$$N = \frac{m}{V}$$

$$N = \frac{4{,}289\,\text{mval}}{42{,}05\,\text{ml}}$$

$$N = 0{,}102\,\frac{\text{mval}}{\text{ml}}$$

11. a) Die Reaktion muß quantitativ in dem beabsichtigten Sinn ablaufen.
    b) Die Reaktionsgeschwindigkeit muß hoch sein.
    c) Der Endpunkt (Äquivalenzpunkt) muß scharf zu erkennen sein.

12. Potentiometrie: Die sprungartige Änderung des Potentials einer in der Lösung befindlichen Elektrode läßt den Endpunkt erkennen.

    Konduktometrie: Bei diesem Verfahren verfolgt man die Änderung der elektrischen Leitfähigkeit der Lösung. Die gemessene Leitfähigkeit wird gegen die zugesetzte Menge Maßlösung aufgetragen. Die Punkte liegen auf zwei Geraden, die sich im Äquivalenzpunkt schneiden.

13. Die Masse (m) reiner Essigsäure läßt sich nach zwei Gleichungen berechnen:

$$m = \frac{E \cdot p}{100\%} \quad (1) \quad \text{und} \quad m = V \cdot N \cdot m_{\text{Ä}} \quad (2)$$

$$E = 1000\,\text{mg}, \quad m_{\text{Ä}} = 60{,}053\,\frac{\text{mg}}{\text{mval}}$$

Gleichsetzen von (1) und (2), Auflösen der Gleichung nach N unter Berücksichtigung, daß die Zahlenwerte für p und V gleich sind, führt zu:

$$\frac{1000\,\text{mg} \cdot a\%}{100\%} = \frac{a\,\text{ml} \cdot N \cdot 60{,}053\,\text{mg}}{\text{mval}}$$

$$N = 0{,}1665\,\frac{\text{mval}}{\text{ml}}$$

14. Der Äquivalenzpunkt der austitrierten Lösung muß in den Umschlagbereich des Indikators fallen.

15. Manganometrie:
    a) $MnO_4^- + 8H^+ + 5e^- \longrightarrow Mn^{2+} + 4H_2O$ (pH = 1)
       $MnO_4^- + 4H^+ + 3e^- \longrightarrow MnO_2 + 2H_2O$ (pH > 4)
    b) Da in saurer Lösung das reagierende Permanganation in das nahezu farblose Mn^{2+}-Ion übergeht, ist ein Überschuß von MnO_4^--Ionen sofort durch eine bleibende Violettfärbung zu erkennen.

16. a) $Ca^{2+} + C_2O_4^{2-} \longrightarrow CaC_2O_4$

b) $CaC_2O_4 + H_2SO_4 \longrightarrow H_2C_2O_4 + CaSO_4$

c) $2\,KMnO_4 + 5\,H_2C_2O_4 + 3\,H_2SO_4$

$\longrightarrow K_2SO_4 + 2\,MnSO_4 + 10\,CO_2 + 8\,H_2O$

Aus den Gleichungen a), b) und c) läßt sich die Äquivalentbeziehung $\frac{1}{2}CaO = \frac{1}{5}KMnO_4 = 1\,val\ KMnO_4$ finden.

$V \cdot N = 13{,}2\,ml \cdot 0{,}1\,\frac{mval}{ml} = 1{,}32\,mval\ KMnO_4$ wurden verbraucht.

$1\ mval\ KMnO_4 \mathrel{\hat{=}} 28{,}04\,mg\ CaO$

$1{,}32\,mval\ KMnO_4 \mathrel{\hat{=}} x$

$$x = \frac{28{,}04\,mg\ CaO \cdot 1{,}32\,mval}{1\,mval}$$

$x = 37{,}0\,mg\ CaO/200\,ml$ Wasser oder $185\,mg\ CaO/l$

17. a) Reduktionsmittel können direkt mit Jodlösung titriert werden, z.B. Arsenit:

$J_2 + AsO_2^- + 2\,H_2O \longrightarrow 2\,J^- + AsO_4^{3-} + 4\,H^+$

b) Oxidationsmittel, z.B. Dichromat, werden mit einem Überschuß von Kaliumjodid versetzt, das entstandene Jod mit Natriumthiosulfat titriert.

$Cr_2O_7^{2-} + 6\,J^- + 14\,H^+ \longrightarrow 3\,J_2 + 2\,Cr^{3+} + 7\,H_2O$

$J_2 + 2\,Na_2S_2O_3 \longrightarrow 2\,NaJ + Na_2S_4O_6$
(Grundgleichung der Jodometrie)

Stärkelösung dient in der Jodometrie als Indikator.

18. $O_3 + 2\,KJ + H_2O \longrightarrow J_2 + O_2 + 2\,KOH$

Zusammen mit der Grundgleichung in 17. ergibt sich die Äquivalenzbeziehung:

$2\,Na_2S_2O_3 = 2\,val\ Na_2S_2O_3 \mathrel{\hat{=}} O_3$ oder

$2\,mval\ Na_2S_2O_3 \mathrel{\hat{=}} 22{,}4\,ml$ Ozon (NB). Verbraucht wurden

$24{,}5\,ml \cdot 0{,}1\,\frac{mval}{ml} = 2{,}45\,mval\ Na_2S_2O_3$.

$2{,}45\,mval\ Na_2S_2O_3 \mathrel{\hat{=}} x$

$$x = \frac{22{,}4\,ml \cdot 2{,}45\,mval}{2\,mval}$$

$x = 27{,}44\,ml\ O_3$ in $1\,l$ Luft, das entspricht 2,74 Volumenprozent Ozon in der Luft.

Kapitel II

Elemente

13. Lerntest

1. Sauerstoff und Stickstoff
2. gebunden, Molekülen
3. b) (Atombindung)
4.

Isotope	Protonen (im Atomkern)	Neutronen (im Atomkern)	radioaktiv
Wasserstoff	1	0	nein
Deuterium	1	1	nein
Tritium	1	2	ja

5. a) Kohlenwasserstoffen: CH_4 (Methan), C_2H_6 (Äthan), Atombindung
   b) Hydriden: LiH (Lithiumhydrid), AlH_3 (Aluminiumhydrid); Ionenbindung ($H|^-$ = Hydridion)
   c) Halogenwasserstoffverbindungen: HCl, HBr; Ionenbindung (H^+)
6. Wasser und Ammoniak
   $M_{r\,H_2O} = 18$ $\quad$ $M_{r\,NH_3} = 17$
   Im Wasser liegen starke Wasserstoffbrückenbindungen vor, so daß in Wirklichkeit nicht H_2O, sondern $(H_2O)_x$ vorliegt.
7. $Na + H_2O \longrightarrow NaOH + H_2$
   $Zn + 2HCl \longrightarrow ZnCl_2 + H_2$
   $2H_2O \longrightarrow 2H_2 + O_2$
   $Fe + H_2O \longrightarrow FeO + H_2$
   $C + H_2O \longrightarrow CO + H_2$
8. Knallgasprobe: Man fängt nach längerem Durchleiten von Wasserstoff durch die Apparatur etwas Gas in einem Reagenzglas auf und bringt die Mündung des Reagenzglases an eine Flamme. Ist der Wasserstoff frei von Luft, so brennt er ruhig ab. Erfolgt die Verbrennung dagegen mit pfeifendem Geräusch, so liegt ein Knallgasgemisch vor.
9. Zur Erzeugung hoher Temperaturen im Knallgasgebläse.
10. 6. Hauptgruppe, 1. Periode
11. Atmosphäre, Wasser, oxidische Erze
12. -2, O_3 (Ozon)

13. Fraktionierte Tieftemperaturdestillation

14. Durch die Atmung wird Sauerstoff den Zellen im lebenden Organismus zugeführt, hier wird durch Oxidationen der Nahrungsmittel und ihrer Abbauprodukte die nötige Energie gewonnen.
Durch die Assimilation der Pflanzen wird Sauerstoff wieder erzeugt und Kohlendioxid verbraucht.

$$\text{Kohlenhydrate} + \text{Sauerstoff} \underset{\text{Assimilation}}{\overset{\text{Atmung}}{\rightleftarrows}}$$

Kohlendioxid + Wasser + Energie

15. $2KClO_3 \longrightarrow 2KCl + 3O_2$

16. $N_2 \xrightarrow{\textit{Haber-Bosch}\text{-Verfahren}} NH_3 \xrightarrow{\textit{Ostwald}\text{-Verfahren}} HNO_3$

$NH_4OH + HNO_3 \longrightarrow NH_4NO_3 + H_2O$

17. Ammoniak, exotherme;
a) Bei niedrigen Temperaturen, doch ist dann die Reaktionsgeschwindigkeit zu niedrig, 2 l NH_3,
Mit zunehmenden Drücken steigt die Ammoniakausbeute.
Das „Prinzip des kleinsten Zwanges“ sagt aus, daß sich ein im Gleichgewicht befindliches System (hier: $3H_2 + N_2 \rightleftarrows 2NH_3 + 23\,\text{kcal}$) bei äußerem Zwang immer so verschiebt, daß dieser Zwang vermindert wird.
b) Bei Wärmeentzug (= äußerer Zwang) läuft die wärmeliefernde Reaktion (die Ammoniakbildung) ab. Bei Druckanwendung verschiebt sich das Gleichgewicht auf die Seite der Reaktionspartner mit den geringeren Volumen, d.h., wenn aus 3 l H_2 und 1 l N_2 2 l NH_3 entstehen, ist die Ammoniakbildung durch die Anwendung von Druck begünstigt.

18. *Ostwald*-Verfahren: $4NH_3 + 5O_2 \longrightarrow 4NO + 6H_2O$;
Katalysator: Platin-Rhodium-Kontakt.
Das Stickstoffoxid wird weiter zu Salpetersäure verarbeitet:

$4NO + 2O_2 \longrightarrow 4NO_2$ (läuft spontan ab)

$4NO_2 + O_2 + 2H_2O \longrightarrow 4HNO_3$

19. Salpetersäure, Nitrate

20. Oxide des Stickstoffs — Säuren des Stickstoffs

Oxidationszahl	Formel	Namen	Formel
+1	N_2O	Hyposalpetrige Säure	$H_2N_2O_2$
+2	NO	—	—
+3	N_2O_3	Salpetrige Säure	HNO_2
+4	NO_2	—	—
+5	N_2O_5	Salpetersäure	HNO_3

14. Lerntest

1. Nullte Hauptgruppe
Im Grundzustand sind die s-Bahn und von n = 2 ab, auch die drei p-Bahnen der äußersten Elektronenschale voll besetzt. Bei dieser symmetrischen Anordnung der acht Valenzelektronen liegen besonders günstige energetische Verhältnisse vor, so daß ein sehr stabiles Atom resultiert. In diesem Zusammenhang spricht man auch von einer abgeschlossenen Achterschale.

2. Hohes Ionisierungspotential

Edelgas	He	Ne	Ar	Kr	Xe	Rn
Hauptquantenzahl n	1	2	3	4	5	6

He: $1s^2$
Ne: $1s^2\ 2s^2\ 2p^6$
usw.

3. frei, atomar

4. Luft

5. 1 Volumenprozent (genau: 0,94 Vol.-%)

6.

Edelgas	Verwendungszweck
Helium	Füllgas für Ballons, Trägergas in der Gaschromatographie, Kältetechnik, Kühlmittel in Kernreaktoren
Neon	Füllgas für Lampen
Argon	Schutzgas beim Elektroschweißen

7. ab.

8. Fluor, Xenonfluoride.

15. Lerntest

1. 7. Hauptgruppe; 7 Valenzelektronen

2. nur gebunden; reaktiv

3. Erstens, durch die Aufnahme eines Elektrons in die äußere Schale des Halogenatoms: $X + e^- \rightarrow X^-$. Dabei wird ein Anion gebildet, welches die Elektronenkonfiguration des folgenden Edelgases hat; so haben Cl^- und Neon dieselbe Anzahl von Elektronen. Diese Halogenidionen sind zur Ionenbindung befähigt, beispielsweise im NaCl-Kristall.
   Zweitens, durch das gemeinsame bindende Elektronenpaar im Cl_2-Molekül: $Cl\cdot + \cdot Cl \rightarrow Cl-Cl$, man spricht hier von einer Atombindung. Wenn das bindende Elektronenpaar für jedes Chloratom mit zwei Elektronen gezählt wird, so erreichen die Chloratome auch hier die Achterschale.

4. $H_2 + X_2 \rightleftarrows 2HX$; Halogenwasserstoffe; entsprechenden Säuren (Beispiel: Salzsäure)

5. $X_2 + 2e^- \longrightarrow 2X^-$; ab
   a) $Cl_2 + 2J^- \longrightarrow 2Cl^- + J_2$
   b) keine Reaktion
   c) $Br_2 + 2J^- \longrightarrow 2Br^- + J_2$

6. asymmetrisch, das bindende Elektronenpaar ist zum Halogenidion hin verschoben.

7. ab

8. 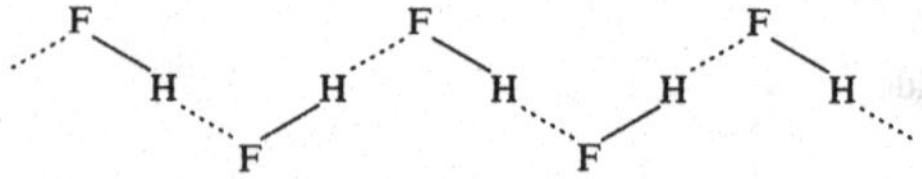

   Ja, es existieren Edelgasfluorverbindungen.

9. Es werden Kochsalzlösungen elektrolysiert, dabei spielt sich die Gesamtreaktion
   $2NaCl + H_2O + \text{elektr. Energie} \longrightarrow 2NaOH + H_2 + Cl_2$ ab.
   Zur Chlorwasserstoffsynthese wird Chlor und Wasserstoff verbrannt: $H_2 + Cl_2 \longrightarrow 2HCl$.
   Außerdem läßt sich Chlorwasserstoff aus Kochsalz mittels Schwefelsäure herstellen:
   $2NaCl + H_2SO_4 \longrightarrow 2HCl + Na_2SO_4$

10.

Oxidationsstufen	Säuren des Chlors	Namen
+7	$HClO_4$	Perchlorsäure
+5	$HClO_3$	Chlorsäure
+3	$HClO_2$	Chlorige Säure
+1	HOCl	Hypochlorige Säure
−1	HCl	Salzsäure

11. Der wirksame Bestandteil im Chlorkalk ist Calcium-hypochloritchlorid – Ca(OCl)Cl –, das Calciumsalz der Salzsäure und der Hypochlorigen Säure. Er wird als Desinfektionsmittel verwendet.

12. a) $Cl_2 + 2KOH \longrightarrow KCl + KOCl + H_2O$
b) $3Cl_2 + 6KOH \longrightarrow 5KCl + KClO_3 + 3H_2O$

13. a) Ionogene Chloride: NaCl, KCl
b) Kovalente Chloride: CCl_4, PCl_3
Die Schmelz- und Siedepunkte sind in der Gruppe a) höher.

14. $J_2 + 10HNO_3 \longrightarrow 2HJO_3 + 10NO_2 + 4H_2O$

15.

Halogen	Aggregatzustand bei 20 °C	Farbe
Fluor	gasförmig	hellgelb
Chlor	gasförmig	grüngelb
Brom	flüssig	rotbraun
Jod	fest	grauschwarz, metallisch, glänzend

16. Jod läßt sich durch die Jodstärke-Reaktion nachweisen. Jod und Stärkelösung ergeben eine intensive blaue Färbung, die auf der Bildung einer Einschlußverbindung beruht.

17. Silberhalogenide sind lichtempfindlich, d.h., sie zersetzen sich unter Lichteinwirkung in die Elemente, was zu einer Schwärzung des Films durch Silber führt.

18. Wenn verschiedene Halogenatome sich zu kovalenten Molekülen vereinigen, spricht man von Interhalogenverbindungen. Beispiele: ClF, BrCl. Der elektronegative Partner steht immer rechts. Außer JF sind alle möglichen Kombinationen zwischen F, Cl, Br und J bekannt.

16. Lerntest

2. $x = 8$. Nachdem der Schwefel zu einer leicht beweglichen, hellgelb gefärbten Flüssigkeit geschmolzen ist, beobachtet man oberhalb 160 °C, daß die Schmelze dunkler und zähflüssiger wird. Bei ca. 200 °C fließt die Schmelze überhaupt nicht mehr; es haben sich aus den S_8-Ringen lange Ketten von Schwefelatomen gebildet: $n\,S_8 \rightleftarrows S_{8n}$.
   Weitere Temperaturerhöhung bis in die Nähe des Siedepunktes läßt die Schmelze wieder dünnflüssiger werden, weil die S-Ketten „gecrackt" werden. Eine nahezu siedende Schwefelschmelze in kaltes Wasser gegossen führt zu plastischem, gummiartigem Schwefel.

3. Der in 100 bis 400 m Tiefe lagernde Schwefel wird nach dem *Frasch*-Verfahren mit überhitztem Wasserdampf (175 °C), der durch ein weites Rohr eingeleitet wird, geschmolzen. Dieses äußere der drei Rohre ist in der Tiefe der Schwefelschicht perforiert. Durch das innerste Rohr wird in den geschmolzenen Schwefel Preßluft eingeblasen, die einen heißen Schaum von Luft, Wasser und Schwefel im Zwischenraum zwischen den konzentrisch angeordneten Rohren in die Höhe treibt.

4. Vulkanisation.

5. $FeS + 2\,HCl \longrightarrow FeCl_2 + H_2S$
   Schwefelwasserstoff ist ein äußerst giftiges und übelriechendes Gas. Er löst sich in Wasser zu einer schwachsauren Lösung.

6. Die Sulfide der meisten Metalle sind in Wasser schwerlöslich und fallen als farbige Niederschläge aus. Diese Tatsache eignet sich zum Nachweis und zur Trennung der Metallkationen.

7. a) SO_2 b) SO_3
   $S + O_2 \longrightarrow SO_2$

8. $4\,FeS_2 + 11\,O_2 \longrightarrow 2\,Fe_2O_3 + 8\,SO_2$

9. Kohle und Erdöl enthalten Schwefelverbindungen, die beim Verbrennen als SO_2 in die Atmosphäre entweichen.

10. $SO_2 + \frac{1}{2}O_2 \longrightarrow SO_3$
    $SO_2 + H_2O \longrightarrow H_2SO_4$

11. H_2SO_3, H_2SO_4

12. 400 bis 500 °C, Katalysator: V_2O_5

13.

Formel	Name	Salze
H_2SO_3	Schweflige Säure Schwefel(IV)- säure	Sulfite Sulfate(IV)
H_2SO_4	Schwefelsäure Schwefel(VI)- säure	Sulfate Sulfate(VI)

13.

Formel	Name	Salze
H_2SO_5	Peroxoschwefel(VI)-säure	Peroxosulfate(VI)
$H_2S_2O_4$	Dithionige Säure Dischwefel(III)-säure	Dithionite Disulfate(III)
$H_2S_2O_5$	Dischweflige Säure Dischwefel(IV)-säure	Disulfite Disulfate(IV)
$H_2S_2O_6$	Dithionsäure Dischwefel(V)- säure	Dithionate Disulfate(V)
$H_2S_2O_7$	Dischwefelsäure Dischwefel(VI)-säure	Disulfate Disulfate(VI)
$H_2S_2O_8$	Peroxo-dischwefelsäure	Peroxodisulfate(VI)

14. Oleum sind Gemische von $H_2S_2O_7$ und H_2SO_4, es wird durch Mischen von SO_3 und H_2SO_4 hergestellt.

15. 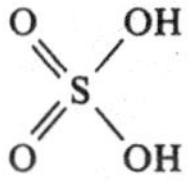

Schwefelsäure

H_2SO_4

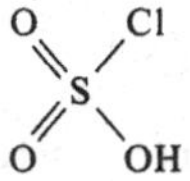

Chlorsulfonsäure

$ClSO_3H$

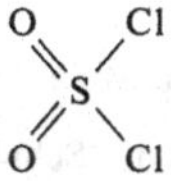

Sulfurylchlorid

SO_2Cl_2

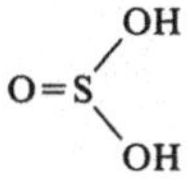

Schweflige Säure

H_2SO_3

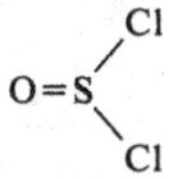

Thionylchlorid

$SOCl_2$

16. 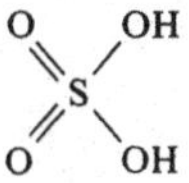

Schwefelsäure

H_2SO_4

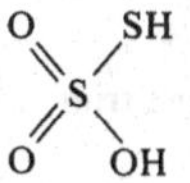

Thioschwefelsäure

$H_2S_2O_3$

In der Schwefelsäure wird ein Sauerstoffatom durch ein Schwefelatom mit der Oxidationszahl -2 ersetzt, dann resultiert die $H_2S_2O_3$.

17. $J_2 + 2S_2O_3^{2-} \longrightarrow 2J^- + S_4O_6^{2-}$

Thiosulfat wird zu Tetrathionat oxidiert. Diese Umsetzung ist die Grundgleichung der Jodometrie, eines maßanalytischen Verfahrens.

18. Phosphor ist reaktiver als Schwefel, Schwefel kommt elementar vor, Phosphor dagegen nicht.

19. Hydroxylapatit: $Ca_5(PO_4)_3OH$

20. $2Ca_3(PO_4)_2 + 6S_iO_2 + 10C \longrightarrow P_4 + 10CO + 6CaSiO_3$
(siehe auch Lerntest 3.22)

21. weißer, roter und schwarzer Phosphor; weiße

22. $P_4 + 5O_2 \longrightarrow P_4O_{10}$
$P_4O_{10} + 6H_2O \longrightarrow 4H_3PO_4$

23.

Salze	Formel
Primäres Calciumphosphat	$Ca(H_2PO_4)_2$
Sekundäres Calciumphosphat	$CaHPO_4$
Tertiäres Calciumphosphat	$Ca_3(PO_4)_2$

24. a) Aufschluß mit Schwefelsäure: Superphosphat
$Ca_3(PO_4)_2 + 2H_2SO_4 \longrightarrow Ca(H_2PO_4)_2 + 2CaSO_4$
b) Aufschluß mit Phosphorsäure: Doppelsuperphosphat
$Ca_3(PO_4)_2 + 4H_3PO_4 \longrightarrow 3Ca(H_2PO_4)_2$

25. a) intermolekulare Wasserabspaltung:
$2H_3PO_4 \longrightarrow H_4P_2O_7 + H_2O$
ortho-Phosphorsäure — Diphosphorsäure
b) intramolekulare Wasserabspaltung:
$H_3PO_4 \longrightarrow HPO_3 + H_2O$
meta-Phosphorsäure
meta-Phosphorsäure ist in der Regel trimerisiert.

26. $P_2O_6 + 3H_2O \longrightarrow 2H_3PO_3$
Phosphorige Säure
$P_4O_{10} + 6H_2O \longrightarrow 4H_3PO_4$
ortho-Phosphorsäure

27. PCl_3: Phosphortrichlorid (Säurechlorid der Phosphorigen Säure)
PCl_5: Phosphorpentachlorid (Säurechlorid der Phosphorsäure)
$POCl_3$: Phosphoroxychlorid (Oxysäurechlorid der Phosphorsäure)

28. $H_3PO_4 \rightleftarrows H^+ + H_2PO_4^-$

$H_2PO_4^- \rightleftarrows H^+ + HPO_4^{2-}$

$HPO_4^{2-} \rightleftarrows H^+ + PO_4^{3-}$

H_3PO_4 ist eine dreibasige Säure.

$H_3PO_3 \rightleftarrows H^+ + H_2PO_4^-$

$H_2PO_3^- \rightleftarrows H^+ + HPO_4^{2-}$

H_3PO_3 ist eine zweibasige Säure.

$H_3PO_2 \rightleftarrows H^+ + H_2PO_4^-$

H_3PO_2 (Hypophosphorsäure) ist eine einbasige Säure.

17. Lerntest

1. Kohlenstoff und Silicium; zunimmt

2. Vier, vierwertig

3. Kohlenstoffverbindungen sind die wichtigsten Bestandteile aller pflanzlichen und tierischen Organismen, sie sind von grundlegender Bedeutung für das Leben auf der Erde. Eine ähnliche Rolle spielen Siliciumverbindungen in der unbelebten Natur. Die Vielfalt der mineralischen Welt gründet sich auf die Verbindungen des Siliciums, das mit einem Anteil von 27,7% an der Erdrinde das zweithäufigste Element ist.

4. Graphit und Diamant

5. *Graphit:* Die Atome liegen nicht im Grundzustand ($2s^2\ 2p^2$), sondern im angeregten Zustand $2s^1\ p_x^1\ p_y^1\ p_z^1$ mit vier ungepaarten Elektronen vor. Durch Hybridisierung werden drei sp^2-Orbitale gebildet, die σ-Bindungen zu drei benachbarten Kohlenstoffatomen ausbilden. Dadurch entstehen zweidimensionale Schichten aus ebenen, regelmäßigen Sechsecken. Jedes Kohlenstoffatom besitzt noch ein „überschüssiges", an den σ-Bindungen nicht beteiligtes p-Elektron, das sich in der senkrecht zur Schichtebene orientierten p-Bahn aufhält.
   Diese π-Elektronen verursachen die elektrische Leitfähigkeit von Graphit. Die Schichten werden nur durch schwache van der Waalsche Kräfte zusammengehalten, dies erklärt auch die leichte Spaltbarkeit des Graphits und seine Verwendung als Schmiermittel.
   Diamant: Der angeregte Zustand $2s^1\ p_x^1\ p_y^1\ p_z^1$ ist derselbe wie beim Graphit. Allerdings unterliegen alle vier Orbitale der Hybridisierung und bilden vier sp^3-Orbitale, welche symmetrisch vom Atomkern in die Ecken eines regelmäßigen Tetraeders ragen.
   Jedes Kohlenstoffatom bildet vier σ-Bindungen aus, und baut so das dreidimensionale tetraedrische Atomgitter des Diamanten auf. Dieses kovalente Gitter ist außerordentlich stabil und der Grund dafür, daß Diamant der härteste aller bekannten Stoffe ist. Da alle Elektronen in Atombindungen lokalisiert sind, folgt: Diamant ist ein absoluter Nichtleiter und farblos.

6. Kohlenstoffatome können sich zu Ketten und Ringen zusammenlagern, ferner sind noch Verzweigungen und C–C-Doppel- und Dreifachbindungen möglich, dadurch kommt es zu der hohen Zahl von Kohlenwasserstoffverbindungen.

7. Silane sind Silicium-Wasserstoffverbindungen, analog den Alkanen mit der allgemeinen Formel Si_nH_{2n+2} ($n = 1 \ldots 6$).

8.

Summenformel	Name
$CHCl_3$	Chloroform
CF_2Cl_2	Difluordichlormethan
CH_3-O-CH_3	Dimethyläther
$CH_3-C(=O)-CH_3$	Aceton
$CH_3-CH(=O)$	Acetanhydrid
CH_3-CH_2-OH	Äthanol

9. Kohlendioxid: CO_2
Kohlenmonoxid: CO (Reduktionsmittel)

10. Kohlendioxid durchläuft in der Natur einen Kreislauf: Es kommt als biologisches und technisches Verbrennungsprodukt zu 0,03 Vol.-% in der Luft vor. Von den Pflanzen wird es aus der Atmosphäre aufgenommen und mit Wasser unter Einwirkung von Sonnenlicht zu Kohlenhydraten umgesetzt, die dabei Sauerstoff freisetzen (Assimilation).
Biologische oder technische Oxidationen liefern dann das Kohlendioxid wieder zurück. Ein Teil des Kohlendioxides ist in Form von festen Karbonaten ($MgCO_3$, $CaCO_3$) am Aufbau der Erdrinde beteiligt.
Technisch läßt sich CO_2 durch Verbrennen von Koks mit Luft $C + O_2 \rightarrow CO_2$ oder durch das Kalkbrennen gewinnen: $CaCO_3 \rightarrow CaO + CO_2$.

11. Generatorgas gewinnt man durch die Umsetzung von Kohlenstoff mit Luft, wobei der Prozeß so geführt wird, daß hauptsächlich CO und nicht CO_2 entsteht. Generatorgas besteht überwiegend aus CO und N_2.
Wenn Wasserdampf über stark erhitzten Koks geleitet wird, spielt sich folgende Reaktion ab:
$$C + H_2O \rightleftharpoons CO + H_2 .$$
Das Gasgemisch CO und H_2 heißt Wassergas.

12. Kohlensäure, Carbonate; mittelstarke Säure.

13. unlöslich, löslich
Das CO_3^{--}-Ion wirkt gegenüber Wasser als Base und verursacht die OH^--Ionen-Konzentration:
$$CO_3^{--} + H_2O \rightleftharpoons HCO_3^- + OH^-$$

14. Kreide, Marmor und Kalkstein bestehen im wesentlichen aus $CaCO_3$; Dolomit ist $MgCO_3 \cdot CaCO_3$.

15. $CaCO_3 + H_2O + CO_2 \rightleftharpoons Ca(HCO_3)_2$

Calciumhydrogencarbonat ist wasserlöslich und verursacht neben Mg- und Fe-Hydrogencarbonaten die temporäre Wasserhärte. Beim Kochen wird das Reaktionsgleichgewicht nach links verschoben und es fallen die Carbonate als „Kesselstein" aus.

16.

Bauformel	Name
$O = C \Big\langle \begin{smallmatrix} OH \\ OH \end{smallmatrix}$	Kohlensäure
$O = C \Big\langle \begin{smallmatrix} Cl \\ Cl \end{smallmatrix}$	Phosgen (ein sehr giftiges Gas!)
$O = C \Big\langle \begin{smallmatrix} NH_2 \\ NH_2 \end{smallmatrix}$	Harnstoff

17. Carbide.

$$CaO + 3C \longrightarrow CaC_2 + CO \ (bei\ 2000\,°C)$$
$$CaC_2 + 2H_2O \longrightarrow Ca(OH)_2 + C_2H_2 \ (\text{Äthin})$$

18.

Kohlenstoff-verbindungen	Analoge Silicium-verbindungen	Name der Si-Verbindungen
CO_2	SiO_2	Siliciumdioxid, Quarz
H_2CO_3	H_2SiO_3	Kieselsäure
CCl_4	$SiCl_4$	Siliciumtetrachlorid
CH_4	SiH_4	Monosilan

19. $Si - O - Si$-Bindung

20. *Zement* bildet sich beim Zusammensintern von Kalksteinen und Tonen bei ~1500°C in Drehrohröfen zu Calcium-Aluminiumsilikaten, welche aus CaO und SiO_2 neben Al_2O_3 und Fe_2O_3 bestehen.
Wasserglas sind Alkalisilikate z.B. Na_2SiO_3 oder $K_2S_2O_5$.
Glas ist ein Gemisch von Metalloxiden
(SiO_2, Al_2O_3, B_2O_3, Na_2O, K_2O, MgO, CaO, BaO u.a.)
welche aus der Schmelze amorph (d.h. nicht kristallin) erstarren
Porzellan wird hergestellt aus Kaolin (Tonsubstanz), Quarz und Feldspat, welche naß vermahlen und gebrannt werden.
Alumosilikate sind Verbindungen, in denen die Siliciumatome z.T. durch Aluminiumatome ersetzt sind, z.B. der Feldspat $K[AlSi_3O_8]$.

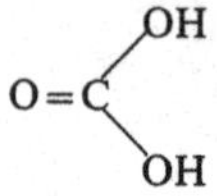

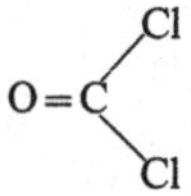

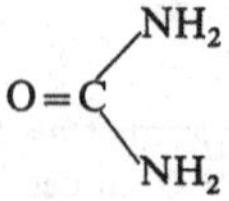

Silicone sind polymere Verbindungen, in denen Silicium, mit organischen Resten (R) verknüpft, vorkommt:

$$\left[\begin{array}{ccc} R & R & R \\ | & | & | \\ -Si-O-Si-O-Si- \\ | & | & | \\ R & R & R \end{array} \right]_n$$

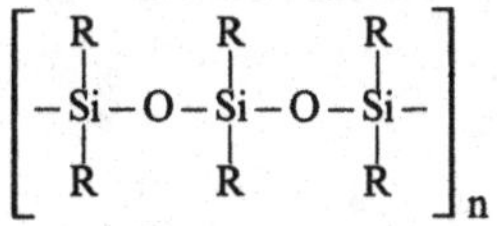

Aus ihnen lassen sich von viskosen Ölen bis zu harten Siliconharzen wichtige Stoffe herstellen.

18. Lerntest

1. 1. Hauptgruppe; Lithium, Natrium, Kalium, Rubidium, Cäsium.

2. Helium, Neon, Argon, Krypton und Xenon.

3.

Alkalimetall	n
Li	2
Na	3
K	4
Rb	5
Cs	6

4. einwertige, positive;

5.

Ionen	Atome mit derselben Elektronenkonfiguration
Li^+	He
Na^+	Ne
K^+	Ar
Rb^+	Kr
Cs^+	Xe

7. Gute elektrische und thermische Leitfähigkeit, die Fähigkeit, Kationen zu bilden, der metallische Glanz und die mechanische Verformbarkeit sind Metallen eigen.

8. Mit Hilfe eines Spektroskopes, die Alkalimetalle zeigen eine lebhafte Flammenfärbung. Aus diesem Grunde gibt es Glühlampen, die Natriumdampf enthalten.

Element	Farbe der Flamme	Bemerkungen
Li	karminrot	—
Na	gelb	sehr intensiv
K	violett	Beobachtung durch ein Kobaltglas
Rb	violett	blaustichiger als Kalium
Cs	violett	rotstichiger als Kalium

Eine kleine Probe des Alkalisalzes wird auf einem Uhrglas mit 1–2 Tropfen konz. Salzsäure befeuchtet. Dann glüht man ein Magnesiastäbchen solange aus, bis die Flamme nicht mehr gefärbt wird. An das erkaltete Magnesiastäbchen bringt man durch Betupfen eine Probe der salzsäurefeuchten Substanz. Danach hält man die Substanz in die nichtleuchtende Flamme des Brenners und beobachtet die Färbung der Flamme.

9. Die an der Kathode entstandenen Alkalimetalle (Me) würden sofort mit Wasser reagieren: $2\,Me + 2\,H_2O \rightarrow MeOH + H_2$

10. Die Alkalimetalle bilden mit Wasserstoff Hydride:

$$2\,Me + H_2 \longrightarrow 2\,MeH$$

$$2\,Me \longrightarrow 2\,Me^+ + 2\,e^-$$

$$H_2 + 2\,e^- \longrightarrow 2\,H^-$$

Wasserstoff ist bei dieser Reaktion das Oxidationsmittel, da er Elektronen aufnimmt und Hydridionen bildet.

11. $2\,Me + 2\,H_2O \longrightarrow 2\,Me(OH)_2 + H_2$

Die Affinität der Alkalimetalle zu Wasser ist sehr groß, z. B. wird Natrium als Trocknungsmittel für organische Lösungsmittel verwendet, in dem man mit Hilfe einer Natriumpresse dünne Drähte herstellt und das Lösungsmittel über diesen Natriumdrähten aufbewahrt. Nie dürfen halogenhaltige Lösungsmittel mit Natrium getrocknet werden, weil die Gefahr einer Explosion besteht.

Die entstandenen Hydroxide, auch Alkalien genannt, sind wichtige Verbindungen. Natriumhydroxid wird für viele Reaktionen im Labor und in der Technik benötigt.

12. 20, Ionenbindung;
Alle 20 Salze sind farblos, schmelzen relativ hoch und sind wasserlöslich. (Ausnahme: LiF ist nur schlecht in Wasser löslich.)

13. Die Kaliumsalze sind wichtige Düngemittel.
   a) Kaliumnitrat (KNO_3); die Herstellung geschieht durch doppelte Umsetzung von Natriumnitrat mit Kaliumchlorid:

   $$NaNO_3 + KCl \longrightarrow KNO_3 + NaCl.$$

   Da Kochsalz auch in heißer Lösung recht schwer löslich ist, läßt es sich vom Kaliumnitrat abfiltrieren.
   b) Kaliumcarbonat (K_2CO_3) wird in der Glas- und Seifenindustrie verwendet, es läßt sich durch Einleiten von Kohlendioxid in Kalilauge gewinnen:

   $$2\,KOH + CO_2 \longrightarrow K_2CO_3 + H_2O$$

   c) Kaliumsulfat (K_2SO_4) wird als Düngemittel verwendet und läßt sich durch doppelte Umsetzung von Kaliumchlorid und Magnesiumsulfat herstellen:

   $$2\,KCl + MgSO_4 \longrightarrow MgCl_2 + K_2SO_4.$$

   d) Schließlich müssen noch die „Abraumsalze" erwähnt werden: „Sylvin" (KCl), „Carnallit" ($KCl \cdot MgCl_2 \cdot 6\,H_2O$) und „Kainit" ($KCl \cdot MgSO_4 \cdot 3\,H_2O$), die als Düngemittel verwendet werden.
   Diese Salze werden in der norddeutschen Tiefebene in Bergwerken gewonnen.

14. Natriumchlorid
   a) $2\,NaCl + 2\,H_2O + \text{elektr. Energie} \longrightarrow 2\,NaOH + H_2 + Cl_2$

b) Die Kathode ist aus fließendem Quecksilber mit dem sich das abgeschiedene Natrium amalgamiert.
In einer zweiten Zelle wird das flüssige Amalgam mit Wasser zersetzt, wobei sich eine reine, chloridfreie, ca. 50%ige Natronlauge bildet. Das Quecksilber wird wieder im Kreislauf in die Elektrolysezelle zurückgepumpt.
Die Anode ist aus Graphit, an ihr scheidet sich Chlor ab:

$$2Cl^- - 2e^- \longrightarrow Cl_2 .$$

c) $2Na + H_2O \longrightarrow 2NaOH + H_2$

d) Wegen der großen Überspannung der Wasserstoffionen an Quecksilber scheiden sich diese nicht ab, sondern es werden Natriumionen entladen:

$$Na^+ + e^- \longrightarrow Na$$

15. Aufgrund der Hydrolyse reagiert eine wäßrige Sodalösung alkalisch. Natriumcarbonat ist ein Salz aus einer starken Base (NaOH) und einer schwachen Säure (H_2CO_3). In einer wäßrigen Sodalösung befinden sich die Ionen: Na^+, CO_3^{2-}, H^+ und OH^-, welche aus der vollständigen Dissoziation von Na_2CO_3 und der teilweisen Dissoziation von H_2O stammen.
Die Ionen Na^+, CO_3^{2-}, H^+ und OH^- sind aber auch die Ionen, die aus NaOH und H_2CO_3 gebildet werden, man muß also auch die Dissoziationsgleichgewichte von NaOH und $H_2CO_3 \leftrightarrows 2H^+ + CO_3^{2-}$ betrachten. NaOH ist vollständig dissoziiert, H_2CO_3 nur sehr unvollständig, infolgedessen sind die OH^--Ionen im Überschuß und die Lösung reagiert alkalisch.

16. In eine gesättigte NaCl-Lösung wird zuerst Ammoniak und dann Kohlendioxid eingeleitet, die sich zu Ammoniumhydrogencarbonat umsetzen ($NH_3 + CO_2 + H_2O \rightleftarrows NH_4HCO_3$), welches mit Kochsalz zu Natriumhydrogencarbonat reagiert:

$$NH_4HCO_3 + NaCl \rightleftarrows NaHCO_3 + NH_4Cl .$$

Das Natriumhydrogencarbonat wird durch Erhitzen („Calcinieren") in Soda überführt:

$$2NaHCO_3 \longrightarrow Na_2CO_3 + H_2O + CO_2 .$$

Das Kohlendioxid wird wieder in den Prozeß zurückgeführt. Das *Solvay*-Soda-Verfahren besteht aus mehreren ineinander verflochtenen Kreisprozessen:

a) Brennen von Kalkstein: $CaCO_3 \rightarrow CaO + CO_2$; Kohlendioxid wird bei Herstellung von NH_4HCO_3 gebraucht.

b) Herstellen von Kalkmilch: $CaO + H_2O \rightarrow Ca(OH)_2$, die zur Wiedergewinnung von NH_3 dient:

$$2NH_4Cl + Ca(OH)_2 \rightleftarrows CaCl_2 + 2NH_3 + H_2O$$

Das NH_4Cl fällt bei der Umsetzung von NH_4HCO_3 mit NaCl an.

Rohstoffe: Kochsalz, Kalkstein und Wasser.

Endprodukte: Soda und Calciumchlorid.
Es spielt sich also der Vorgang $NaCl + CaCO_3 \rightarrow Na_2CO_3 + CaCl_2$ ab, eine Reaktion, die in wäßriger Lösung umgekehrt verlaufen würde.

17. Natriumreste werden vorsichtig mit Äthanol vernichtet:

$$2Na + 2C_2H_5OH \longrightarrow 2C_2H_5ONa + H_2$$

19. Lerntest

1. Beryllium, Magnesium, Calcium, Strontium, Barium und Radium
2. gebunden
3. +2
4. Radium
5. Schmelzflußelektrolyse
6. $Me + 2H_2O \longrightarrow Me(OH)_2 + H_2$ (Me = Ba, Ca, Sr)
7. Passivierung
8. Be: Werkstoff in Atomkernreaktoren, Legierungszusatz
   Mg: Leichtmetallegierungen, Grignard-Reaktionen in der Organischen Chemie
   Ca: Reduktionsmittel in der Metallurgie
   Sr:, Ba: Salze finden in der Feuerwerkerei Verwendung
   Ra: Bestrahlungen in der Medizin
9. Basen; $MeO + H_2O \longrightarrow Me(OH)_2$ (Me = Mg, Ca, Sr, Ba, Ra)
10. a) Brennen von Kalkstein: $CaCO_3 \longrightarrow CaO + CO_2$
    Aus Calciumoxid (gebrannter Kalk) wird in großen Mengen Mörtel hergestellt, der gelöschte Kalk ($Ca(OH)_2$) mit Wasser und Sand vermischt dient zum Verbinden von Bausteinen.
    b) Löschen: $CaO + H_2O \longrightarrow Ca(OH)_2$
    c) Abbinden: $Ca(OH)_2 + CO_2 \longrightarrow CaCO_3$
11. Die Hydride enthalten negativ geladenen Wasserstoff (H^-) und reagieren infolgedessen mit allen Verbindungen, die positive Wasserstoffionen bilden können, z. B. $CaH_2 + 2H_2O \rightarrow Ca(OH)_2 + 2H_2$
12.

Formel	Name oder Trivialname	Verwendung
$CaCl_2$	Calciumchlorid	Trockenmittel
CaF_2	Calciumfluorid, Flußspat	Zur Gewinnung von Flußsäure: $CaF_2 + H_2SO_4 \rightarrow CaSO_4 + 2HF$
$CaCl(OCl)$	Calciumchloridhypochlorit, Chlorkalk	Desinfektionsmittel, Oxidationsmittel
$CaHSO_3$	Calciumhydrogensulfit	Bei der Gewinnung von Cellulose aus Holz
$CaSO_4 \cdot 2H_2O$	Calciumsulfat, Gips	Baustoff

12.

Formel	Name oder Trivialname	Verwendung
$Ca(H_2PO_4)_2$	Calciumdihydrogen-phosphat, Doppelsuper-phosphat	Düngemittel
$CaCN_2$	Calciumcyanamid, Kalkstickstoff	Düngemittel
CaC_2	Calciumcarbid	Ausgangsprodukt für die Kalkstickstoffherstellung und Acetylenerzeugung: $CaC_2 + 2H_2O \rightarrow Ca(OH)_2 + C_2H_2$
$BaSO_4$	Bariumsulfat, Schwerspat	Kontrastmittel bei Röntgenaufnahmen

13. Die bleibende oder permanente Härte des Wassers wird durch Erdalkalisulfate und -chloride hervorgerufen. Sie fallen beim Kochen nicht aus. Bei der vorübergehenden oder temporären Härte dagegen, die durch die Calcium- und Magnesiumhydrogencarbonate im Wasser verursacht werden, lassen sich die Härtebildner durch Kochen entfernen.
$Ca(HCO_3)_2 \rightarrow CaCO_3 + H_2O + CO_2$. Die entstandenen Carbonate bilden den Kesselstein.
Die Härte des Wassers wird in deutschen Härtegraden ausgegeben, dabei entspricht 1 DH = 10 mg CaO pro Liter Wasser.

14. Die Erdalkalimetalle bilden schwerlösliche Carbonate; beim Einleiten von CO_2 in eine wäßrige $Ba(OH)_2$-Lösung bildet sich ein weißer Niederschlag von $BaCO_3$.

$$Ba(OH)_2 + CO_2 \longrightarrow BaCO_3 + H_2O$$

20. Lerntest

2. meistens wie die der Hauptgruppenelemente.

3. Cu_2O, CuO, ZnO, Hg_2O, HgO, TiO, Ti_2O_3, TiO_2, VO, V_2O_3, VO_2, V_2O_5, CrO, C_2O_3, CrO_3, MnO, Mn_2O_3, Mn_3O_4, MnO_2, FeO, Fe_3O_4, Fe_2O_3, CoO, Co_2O_3, Co_3O_4, NiO, Ni_2O_3.

4. Kupfer ist auch noch zweiwertig, außerdem sind sogar einige Cu(III)-Verbindungen bekannt. Gold kann ebenfalls die Oxidationsstufe +1 und +3 annehmen.
   Die Oxidationsstufen +2 und +3 sind typisch für die Eisenmetalle (Fe, Co, Ni).
   Den Rest der 8. Nebengruppe sind die Platinmetalle (Ru, Rh, Pd, Os, Ir, Pt). Alle können +2, +3, +4-wertig sein; darüber hinaus kennt man noch die achtwertige Oxide RuO_4 und OsO_4. In Komplexen können die Platinmetalle auch noch in anderen Oxidationsstufen auftreten.

5. Wertigkeitsstufen, stärker

6. $HMnO_4$; Salze ($MnSO_4$)

7.

Säure	Anhydrid
H_2CrO_4	CrO_3
H_2WO_4	WO_3
$HMnO_4$	Mn_2O_7

8. In der 8. Nebengruppe; Eisen, Nickel und Kobalt sind die magnetischen Metalle.

9. In der 1. Nebengruppe; Kupfer wird in der Elektrotechnik viel gebraucht, seine elektrischen Eigenschaften (spezifische Leitfähigkeit) werden nur noch von Silber übertroffen.

10. Die Legierungsmetalle von Stählen finden sich vor allem in der V, VI, VII und VIII (vor allem Nickel) Nebengruppe.

11. Ag: Münzmetall, Schmuck
    Cu: elektrischer Leiter, Messing, Bronzen
    Ti: Werkstoff im chem. Apparatebau, für Flugzeuge und Raketen
    Pt: Katalysator, Elektrodenmaterial
    Hg: Füllflüssigkeit für Thermometer, Kathode bei der Elektrolyse von wäßriger NaCl-Lösung
    W: Fäden in Glühbirnen
    U: Das spaltbare Isotop U 235 wird in Atomkraftwerken als Brennstoff eingesetzt.

12. Die lichtempfindliche Schicht eines Filmes besteht aus sehr kleinen Silberbromid-Kristallen, die sich bei Belichtung teilweise zersetzen:

    $2\,AgBr \longrightarrow 2\,Ag + Br_2$

An den entstandenen „Silberkeimen“ setzt die Reduktion ($Ag^+ + e^- \longrightarrow Ag$) ein, die hier als „Entwicklung“ bezeichnet wird (Reduktionsmittel: Hydrochinon). Da es dort am schnellsten zu einer Silberabscheidung und damit Schwärzung des Filmes kommt, wo bei der Belichtung das meiste Licht aufgefallen ist, erscheinen die hellsten fotografierten Stellen auf dem Film am dunkelsten: es ist ein „Negativ“ entstanden. Durch Wiederholung dieses Prozesses, dabei wird eine zweite lichtempfindliche Schicht durch das Negativ hindurch belichtet und wieder entwickelt, erzeugt man ein „Positiv“. Das auf diesem Bild noch unzersetzte Silberbromid muß aus der lichtempfindlichen Schicht entfernt werden, deswegen wird nach dem Entwickeln fixiert. Mit einer Natriumthiosulfatlösung wird das Silberbromid aus der Gelatineschicht unter Komplexbildung herausgelöst:

$$AgBr + 3\,Na_2S_2O_3 \longrightarrow Na_5[Ag(S_2O_3)_3] + NaBr\,.$$

Danach kann dann das fertige Bild dem Tageslicht ausgesetzt werden.

13. die Härte und Korrosionsbeständigkeit bestimmter Werkstücke zu verbessern.

14. Legierungen

15. Stahl; Si, Mn, Cr, Ni, W, Mb und V; Härte, Zähigkeit, Verschleißfestigkeit.

16. Messing: Cu/Zn-Legierung
Bronze: Cu/Sn-Legierung

17. Legierungen mit Quecksilber
bei der elektrolytischen Darstellung von Natriumhydroxid.

18.

Name des Verfahrens	Produkt	Kontakt
Haber-Bosch-Verfahren	Ammoniak	Eisen
Ostwald-Verfahren	Salpetersäure	Platin/Rhodium
Kontaktverfahren	Schwefelsäure	Vanadinoxide
Methanol-Synthese	Methanol	Zinkoxid/Chromoxid
Hydrierungen	Gesättigte Verbindungen	Raney-Nickel

19. In den meisten Katalysatoren, bzw. technischen Kontakten befinden sich Nebengruppenelemente.

20.

Farbe	Pigment	Formel
weiß	Titandioxid	TiO_2
gelb	Cadmiumgelb	CdS
grün	Chromoxid	Cr_2O_3
weiß	Lithopone	$BaSO_4/ZnS$

21. Kupfer, Silber, Gold, Quecksilber und die Platinmetalle kommen teilweise elementar vor. Diese Metalle sind edel, d. h. sie haben ein hohes Oxidationspotential, z. B. $Au \longrightarrow Au^+ + e^-$ $E_0 = +1{,}68\,V$

22. Oxide oder Sulfide

23. reduziert, Reduktionsmittel
   b) Kohlenstoff
   c) Kohlenmonoxid
   d) andere Metalle verwenden, beispielsweise bei der Aluminothermie:
   $Me_2O_3 + 2\,Al \longrightarrow Al_2O_3 + 2\,Me$.

24. Elektrolyse

25. a) $CuO + H_2 \longrightarrow Cu + H_2O$ oder $WO_3 + 3\,H_2 \longrightarrow W + 3\,H_2O$
   b) $Fe_2O_3 + 3\,CO \longrightarrow 2\,Fe + 3\,CO_2$
   c) $TiCl_4 + 2\,Mg \longrightarrow Ti + 2\,MgCl_2$
   d) $Al^{3+} + 3\,e^- \longrightarrow Al$

26. Silber löst sich in oxidierenden Säuren:

   $Ag + 2\,HNO_3 \longrightarrow AgNO_3 + NO_2 + H_2O$

   Gold löst sich dagegen nicht in Salpetersäure, sondern in Königswasser ($3\,HCl + HNO_3$)
   $3\,HCl + HNO_3 \longrightarrow Cl_2 + NOCl + H_2O$; das Gold wird als Tetrachlorgold-III-säure ($HAuCl_4$) gelöst:

   $2\,Au + 3\,Cl_2 + 2\,HCl \longrightarrow 2\,HAuCl_4$

   Bei der Gewinnung von Gold löst man das Metall komplex auf (Cyanidlaugerei):

   $4\,Au + 8\,NaCl + 2\,H_2O + O_2 \longrightarrow 4\,Na[Au(CN)_2] + 2\,NaOH$

27. Rösten, Schwefeldioxid, Schwefelsäure
   a) 1 t 96%iger Pyrit enthält 960 kg FeS_2
   $4\,FeS_2 + 11\,O_2 \longrightarrow 2\,Fe_2O_3 + 8\,SO_2$
   $4 \cdot 120\,kg$ $11 \cdot 22{,}4\,m^3$ (NB) $2 \cdot 160\,kg$ $8 \cdot 22{,}4\,m^3$ (NB)
   480 kg FeS_2 benötigen $246{,}4\,m^3$ (NB) O_2
   960 kg FeS_2 benötigen x

   $$x = \frac{246{,}4\,m^3\,O_2 \cdot 960\,kg\,FeS_2}{480\,kg\,FeS_2}$$

   $x = 492{,}8\,m^3\,O_2$

   Dieses Volumen Sauerstoff ist in $492{,}8\,m^3 \cdot 5 = \underline{\underline{2464\,m^3}}$ Luft enthalten.
   b) Aus 480 kg FeS_2 entstehen 320 kg Fe_2O_3

Aus 960 kg FeS_2 entstehen x

$$x = \frac{320\,kg\ Fe_2O_3 \cdot 960\,kg\ FeS_2}{480\,kg\ FeS_2}$$

$x = 640\,kg\ Fe_2O_3$

c) $2SO_2 + O_2 \longrightarrow 2SO_3$ und $2SO_3 + 2H_2O \longrightarrow 2H_2SO_4$

Folglich ist 1 SO_2 und 1 H_2SO_4 einander äquivalent, oder
$1\,SO_2 \triangleq 1\,SO_3 \triangleq 1\,H_2SO_4$

Aus 480 kg FeS_2 entstehen 179,2 m^3 SO_2 unter Normalbedingungen
Aus 960 kg FeS_2 entstehen x

$$x = \frac{179{,}2\,m^3\ SO_2 \cdot 960\,kg\ FeS_2}{480\,kg\ FeS_2} = 358{,}4\,m^3\ SO_2 \text{ bei } 100\,\% \text{ Ausbeute.}$$

Bei 98% Ausbeute entsprechend weniger:

$$\frac{358{,}4\,m^3 \cdot 98\,\%}{100\,\%} = 351{,}2\,m^3\ SO_3\ (NB)$$

22,4 m^3 SO_3 entsprechen 98,1 kg H_2SO_4 (100%ig)
351,2 m^3 SO_3 entsprechen x

$$x = \frac{98{,}1\,kg\ H_2SO_4 \cdot 351{,}2\,m^3\ SO_3}{22{,}4\,m^3\ SO_3}$$

x = 1538,0 kg 100%ige Schwefelsäure.

29. a) Chlor
b) Kobalt
c) Kalium
Nur Kobalt ist ein Übergangselement.

30. $4d^1\ 5s^2$: Yttrium
$4d^2\ 5s^2$: Zirkon
$4d^4\ 5s^1$: Niob
$4d^5\ 5s^1$: Molybdän
$4d^5\ 5s^2$: Technetium
$4d^7\ 5s^1$: Ruthenium
$4d^8\ 5s^1$: Rhodium
$4d^{10}\ 5s^0$: Palladium
$4d^{10}\ 5s^1$: Silber
Außerdem liegt bei allen Elementen noch die Anordnung $1s^2$, $2s^2$, $2p^6$, $3s^2$, $3p^6$, $3d^{10}$, $4s^2$, $4p^6$ der restlichen Elektronen vor.

Kapitel III

Allgemeine Organische Chemie

21. Lerntest

1. Kohlenstoff, Kohlenstoffverbindungen

2.

Allgemeine Formel	Name der Verbindungsklasse
$R-H$	Alkane
$R-Hal$	Halogenalkane
$R-OH$	Alkohole
$R-O-R$	Äther
$R-NH_2$	primäre Amine
$R-CO-R$	Ketone
$R-CHO$	Aldehyde
$R-COOH$	Carbonsäuren
$R-\underset{\underset{O}{\Vert}}{C}-Hal$	Säurehalogenide
$R-\underset{\underset{O}{\Vert}}{C}-O-\underset{\underset{O}{\Vert}}{C}-R$	Anhydride
$R-\underset{\underset{O}{\Vert}}{C}-NH_2$	Säureamide
$R-\underset{\underset{NH_2}{\vert}}{CH}-\overset{\overset{O}{\Vert}}{C}-OH$	Aminosäuren

Funktionellen Gruppen

3.

Anorganische	Organische
Verbindungen	
Meistens wasserlöslich	Meistens wasserunlöslich
In organischen Lösungsmitteln meist unlöslich	In organischen Lösungsmitteln löslich
Hoher Schmelzpunkt	Niedriger Schmelzpunkt (350 °C)
Schmelzen und Lösungen sind elektrische Leiter	Schmelzen und Lösungen sind elektrische Nichtleiter
Hohe Reaktionsgeschwindigkeit	Oft niedrigere Reaktionsgeschwindigkeiten

Ionenbindungen, Atombindungen

4. Tetraedrisch

5. $2s^2\ 2p^2$; $2s^1\ 2p_x^1\ 2p_y^1\ 2p_z^1$
   Hybridisierung, gerichtet

6. s-Orbital, σ-Bindung

7. σ-Bindung und der π-Bindung

8. Ja

9. 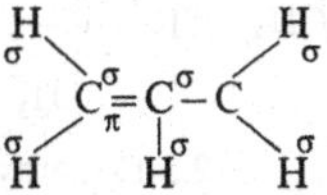

10. Eine Drehung um die Doppelbindung im Äthenmolekül, würde zur Auflösung der Doppelbindung führen, weil sich die p-Orbitale der Kohlenstoffatome nicht mehr überlappten. Folglich liegen die mit einem sp^2-hybridisierten Kohlenstoffatom verbundenen Atome immer in einer Ebene, wobei die drei σ-Bindungen einen Winkel von 120° einschließen.

11. sp-Orbitale, p_y- und p_z-Orbital

12. 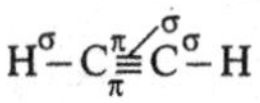

22. Lerntest

1. Isomerie, IUPAC-Nomenklatur

2. I. b), d), e)
   II. a) Diese spezielle Art der Isomerie, wird auch noch als cis-trans-Isomerie bezeichnet.

3. $CH_3-CH_2-CH_2-CH_2-CH_3$, $CH_3-\underset{\underset{CH_3}{|}}{CH}-CH_2-CH_3$, $CH_3-\underset{\underset{CH_3}{|}}{\overset{\overset{CH_3}{|}}{C}}-CH_3$

   n-Pentan   2-Methylbutan   2.2-Dimethyl-
                                                    propan

   Bei den verzweigten Isomeren wählen Sie immer die längste Kette und numerieren sie so, daß die Verzweigungsstellen möglichst kleine Ziffern bekommen.

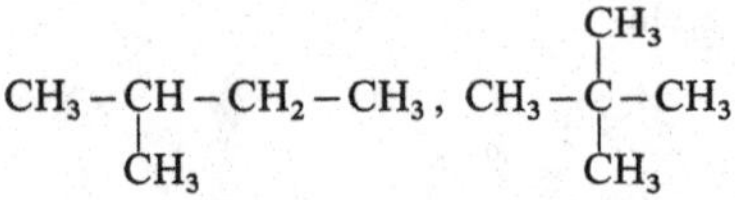

4. Oktan, $CH_3-\underset{\underset{CH_3}{|}}{\overset{\overset{CH_3}{|}}{C}}-CH_2-\underset{\underset{CH_3}{|}}{CH}-CH_3$

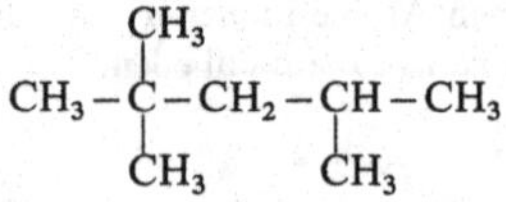

5. $CH_3-CH_2-CH_2-CH_2-CH_2-OH$ $CH_3-CH_2-CH_2-\underset{\underset{OH}{|}}{CH}-CH_3$

   1-Pentanol   2-Pentanol

   $CH_3-CH_2-\underset{\underset{OH}{|}}{CH}-CH_2-CH_3$

   3-Pentanol

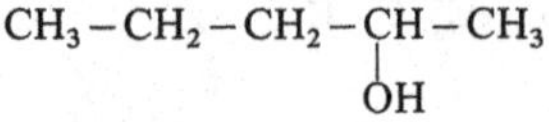

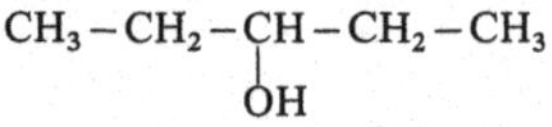

6. C_2H_6O: CH_3-O-CH_3 und CH_3-CH_2-OH
   Dimethyläther   Äthanol

7. C_2H_5N: $CH_2=CH-NH_2$, $CH_3-CH=NH$, $CH_2=N-CH_3$ und

   $\underset{\underset{H}{\overset{|}{N}}}{H_2C\underline{\quad\quad}CH_2}$

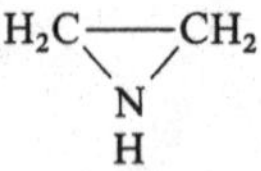

8. Doppelbindungen a) cis-1-Chlor-2-bromäthen
                    b) trans-1-Chlor-2-bromäthen

9.

   trans-trans-   cis-trans-
                    -2.4-Hexadien

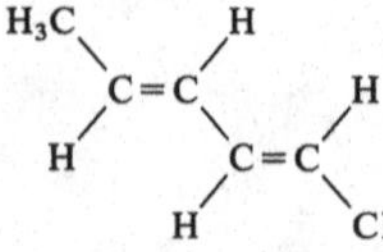

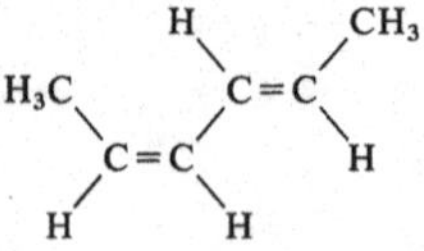

10. $CH_3 - CH_2 - CH = CH_2$

1-Buten

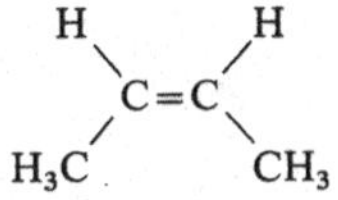

$$\underset{H_3C}{\overset{H}{\diagup}} C = C \underset{CH_3}{\overset{H}{\diagdown}}$$

cis-2-Buten

$$\underset{H_3C}{\overset{H}{\diagup}} C = C \underset{H}{\overset{CH_3}{\diagdown}}$$

trans-2-Buten

$$H_2C = \underset{\underset{CH_3}{|}}{C} - CH_3$$

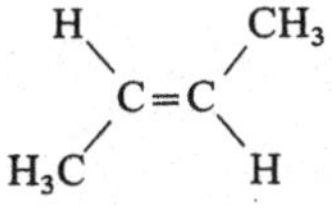

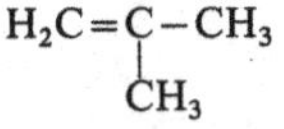

2-Methylpropen
(Isobuten)

12. Chlorpropene:

a) $\underset{H}{\overset{H}{\diagup}} C \diagdown \underset{CH_3}{\overset{Cl}{\diagup}}$ ‖ C

Z-Isomere

b) $\underset{H}{\overset{Cl}{\diagup}} C \diagdown \underset{CH_3}{\overset{H}{\diagup}}$ ‖ C

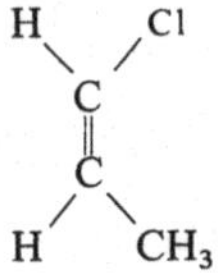

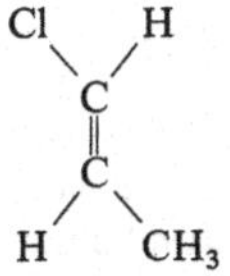

E-Isomere

1-Chlor-1-propen

c) $\underset{Cl}{\overset{H}{\diagup}} C \diagdown \underset{CH_3}{\overset{H}{\diagup}}$ ‖ C

2-Chlor-1-propen

d) $\underset{H}{\overset{H}{\diagup}} C \diagdown \underset{CH_2Cl}{\overset{H}{\diagup}}$ ‖ C

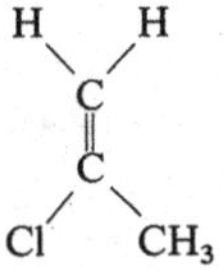

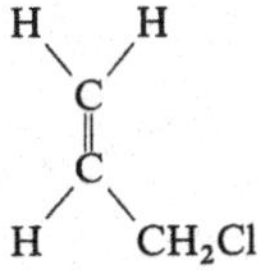

3-Chlor-1-propen

c) und d) sind keine geometrischen Isomere, weil ein Kohlenstoffatom identische Gruppen trägt (hier zwei Wasserstoffatome).

13. $C_2H_5 - \overset{\overset{\displaystyle H}{|}}{\underset{\underset{\displaystyle CH_3}{|}}{C^*}} - CH_2OH$ $CH_3 - \overset{\overset{\displaystyle H}{|}}{\underset{\underset{\displaystyle OH}{|}}{C^*}} - COOH$ $C_2H_5 - \overset{\overset{\displaystyle H}{|}}{\underset{\underset{\displaystyle Cl}{|}}{C^*}} - CH_3$

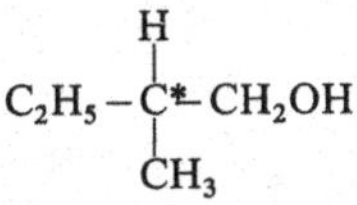

2-Methyl-1-butanol   Milchsäure   2-Chlorbutan

Die mit * gekennzeichneten zentralen Kohlenstoffatome sind in jeder Verbindung mit vier *verschiedenen* Gruppen verbunden.

14. a) $CH_3 - \overset{\overset{\displaystyle H}{|}}{\underset{\underset{\displaystyle Cl}{|}}{C^*}} - C_3H_7$ chiral

b) $C_2H_5 - \overset{\overset{\displaystyle H}{|}}{\underset{\underset{\displaystyle Cl}{|}}{C}} - C_2H_5$ nicht chiral

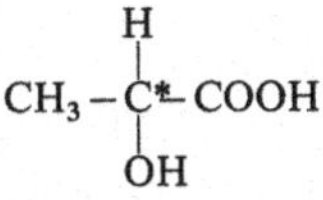

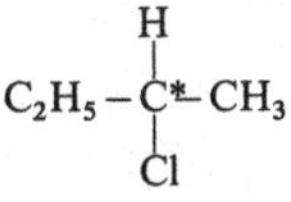

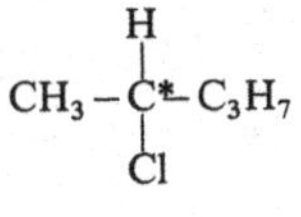

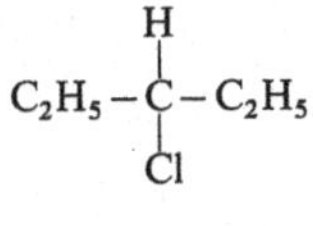

c) $ClH_2C - \overset{\overset{\displaystyle CH_3}{|}}{\underset{\underset{\displaystyle H}{|}}{C}}^* - C_3H_7$ chiral

d) $CH_3 - \overset{\overset{\displaystyle CH_3}{|}}{\underset{\underset{\displaystyle Cl}{|}}{C}} - C_3H_7$ nicht chiral

e) $H - \overset{\overset{\displaystyle H}{|}}{\underset{\underset{\displaystyle Cl}{|}}{C}} - \overset{\overset{\displaystyle H}{|}}{\underset{\underset{\displaystyle Br}{|}}{C}}^* - C_2H_5$ chiral

15. Enantiomere

16. rechts, links, gleich

17. α = beobachtete Drehung am Polarimeter
    l = Länge der durchstrahlten Substanzprobe in Dezimeter
    c = Konzentration in g/ml
    D = D-Linie des Natriumlichts (Wellenlänge = λ = 589,3 nm)
    20 = Temperatur der Probe: 20°C

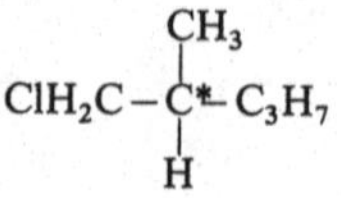

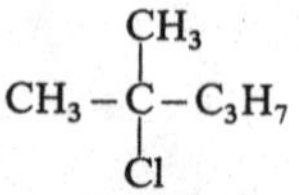

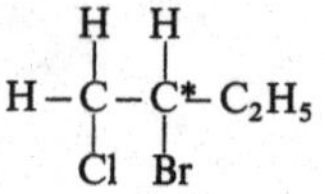

23. Lerntest

1. anzuziehen

2.

Substituent	elektronenziehend	elektronendrückend
$-NO_2$	+	
$-\bar{\underline{O}}|^{\ominus}$		+
$-NR_3$	+	
$-Cl$	+	
$-\bar{\underline{N}}H^{\ominus}$		+

3. a) $CH_3 \longrightarrow OH$
   b) $C_2H_5 \longrightarrow NH_2$
   c) $J \longrightarrow Cl$
   Sauerstoff, Stickstoff und Chlor bekommen eine negative Teilladung.

4. a) +IE b) −IE c) −IE d) −IE e) +IE
   Eine gesättigte C−H-Bindung ist die Bezugsbindung. Substituenten, die das Bindungselektronenpaar stärker anziehen als Wasserstoff, ordnet man einen negativen induktiven Effekt (−IE) zu. Das Umgekehrte gilt für den positiven induktiven Effekt (+IE).

5. $CH_3-\bar{\underline{O}}|^{\ominus}$ (+IE)

6. negativen, erhöht

7. c) < a) < b)
   $Cl \leftarrow CH=CH_2$: Hier wird die Elektronendichte der Doppelbindung verringert.
   $CH_3 \rightarrow CH=CH_2$: Hier wird die Elektronendichte der Doppelbindung erhöht.

8. X = $-CH_3$ oder andere Substituenten mit +IE
   Y = $-Cl$ oder andere Substituenten mit −IE

9. −IE

10. $CH_3-COOH < ClCH_2-COOH < Cl_2CH-COOH < Cl_3C-COOH$ (stärkste Säure)

11. Der induktive Effekt nimmt mit der Entfernung von der polarisierten Bindung (hier $-C-Cl$) ab, so daß der stabilisierende Einfluß auf das Carboxylatanion bei der 3-Chlorpropionsäure ($ClCH_2-CH_2-COOH$) schwächer ist als bei der 2-Chlorpropionsäure ($CH_3-CHCl-COOH$).

12. Atomgruppen mit +IE

13. $NH_3 < CH_3-NH_2 < (CH_3)_2NH < (CH_3)_3N$ (stärkste Base)

14. $-IE$, $+IE$

15. $CH_3-\underset{CH_3}{\underset{|}{C}}=CH-CH_3 + HCl \longrightarrow CH_3-\overset{Cl}{\overset{|}{\underset{CH_3}{\underset{|}{C}}}}-CH_2-CH_3$

Zwischenstufe: $CH_3-\overset{\oplus}{\underset{CH_3}{\underset{|}{C}}}-CH_2-CH_3$

16. π-Elektronen, stabiler

17. a) und c): konjugierte Doppelbindungen
b): isolierte Doppelbindungen
d): kumulierte Doppelbindungen

18. +ME (Chlor)
−ME (Sauerstoff)

19.

Substituenten	$\overline{\underline{O}}-CH_3$	$\overline{N}(CH_3)_2$	$\overline{\underline{O}}\vert$	$\overline{\underline{Br}}\vert$	
ME	+	+	−	+	
Substituenten	$-N(=\overline{O}\vert)-\overline{\underline{O}}\vert^{\ominus}$	$-C(=\overline{O}\vert)-H$	$-C\equiv N\vert$	$\overline{\underline{O}}-H$	$-C(=\overline{N}H)-H$
ME	−	−	−	+	−

20.

IE	+	−	−
ME	+	−	+
Substituent	$-\overline{\underline{O}}\vert^{\ominus}$	$-NO_2$	$-Cl$

21. stabilsten

22. a) $H_2\overset{\oplus}{N}=CH-\overset{\ominus}{\overline{C}}H-CH=CH_2$

b) $H_2\overset{\oplus}{N}=CH-CH=CH-\overset{\ominus}{\overline{C}}H_2$

23.

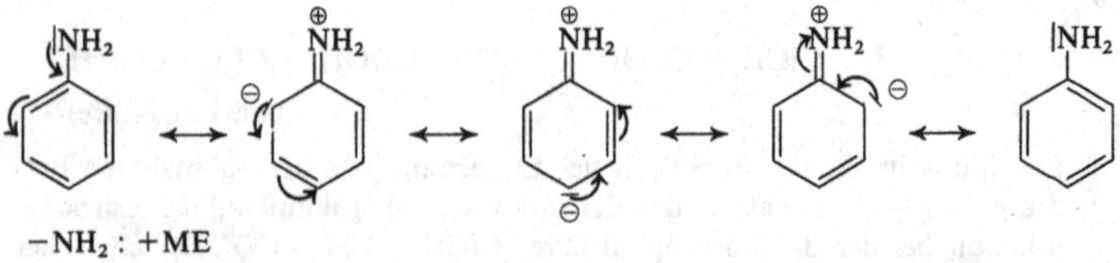

$-NH_2$: +ME

Die Basizität des Anilins ist geringer als die des Äthylamins, da das Stickstoffatom im Anilin teilweise protoniert ist und dadurch die Anlagerung eines Protons erschwert ist.

24. a) $CH_2=CH-C\equiv N| \longleftrightarrow CH_2=CH-\overset{\oplus}{C}=\overset{\ominus}{N}| \longleftrightarrow \overset{\oplus}{C}H_2-CH=C=\overset{\ominus}{N}|$

b) $CH_3-\underline{O}-CH=CH_2 \longleftrightarrow CH_3-\overset{\oplus}{\underline{O}}=CH-\overset{\ominus}{C}H_2 \longleftrightarrow$

$\longleftrightarrow CH_3-\overset{\oplus}{O}=CH-\overset{\ominus}{C}H_2$

c)

d) $CH_3-C\overset{}{\underset{|\underline{O}|}{=}}\underline{O}-CH_2-CH_3 \longleftrightarrow CH_3-C\overset{\oplus}{=}\underline{O}-CH_2-CH_3$
$\qquad\qquad\qquad\qquad\qquad\qquad\qquad\qquad |\underset{\ominus}{\underline{O}}|$

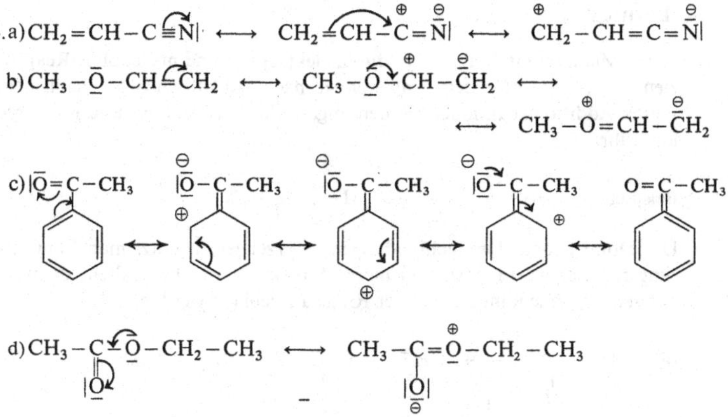

25. $-NH_2$: ortho- und paradirigierend

$-\overset{\overset{\textstyle O}{\|}}{C}-CH_3$: metadirigierend

26. Nein, die negative Ladung ist auf beide Sauerstoffe verteilt:

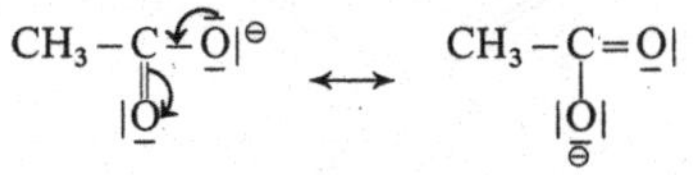

Auf Grund dieser Ladungsverteilung ist das Acetation stabilisiert und Essigsäure eine saure Verbindung.

27. Weil beim Phenolatanion die negative Ladung delokalisiert ist:

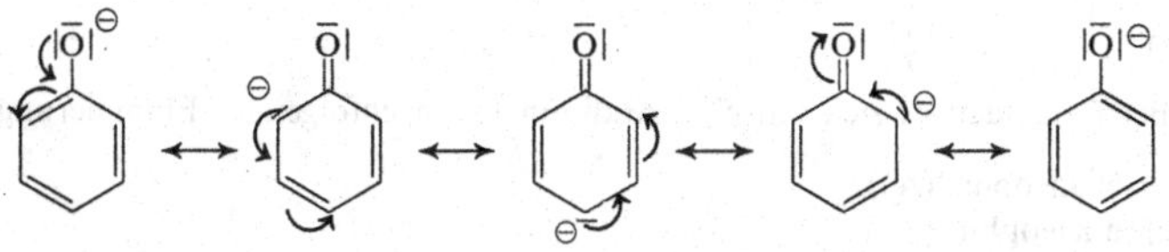

Das Methylatanion $CH_3-\overset{\ominus}{\underline{O}}|$ hat diese Möglichkeit zur Stabilisierung nicht, deswegen ist Methanol nicht sauer.

24. Lerntest

1. C–C-Mehrfachbindungen sind durch elektrophile und nucleophile Reagenzien angreifbar, außerdem reagieren sie nach radikalischen Mechanismen. Durch Additionsreaktionen werden ungesättigte Verbindungen in gesättigte überführt.

Beispiel: $\ce{C=C}$ + HCl $\longrightarrow$ $\ce{H-C-C-Cl}$

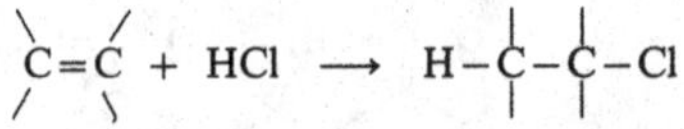

Um Doppel- oder Dreifachbindungen zu erzeugen, benutzt man Eliminierungsreaktionen. Ein meist kleineres Molekül wird abgespalten, dadurch können Mehrfachbindungen oder Ringe ausgebildet werden.

Beispiel: $\ce{-C-C-}$ + $OH^\ominus$ $\longrightarrow$ $\ce{C=C}$ + NR_3 + H_2O
          H $NR_3^\oplus$

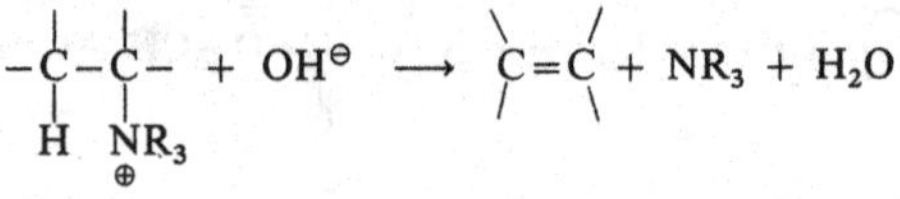

Bei Substitutionen wird ein bestimmtes Atom oder eine funktionelle Gruppe in einem Molekül durch eine andere funktionelle Gruppe ersetzt.

Beispiel: ⬡—H + HNO_3 $\xrightarrow{H_2SO_4}$ ⬡—NO_2 + H_2O

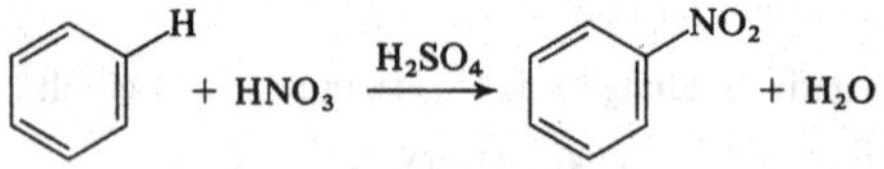

	Add.	Eli.	Sub.
a)			+
b)	+		
c)		+	
d)	+		
e)		+	
f)	+	+	

Bei f) handelt es sich um eine Addition mit nachfolgender Eliminierung.

2. b) elektrophil (A_E)
   c) nucleophil (A_N)

3. a) $H-Br$ $\xrightarrow{Lichtenergie}$ $H\cdot + \cdot Br$
   b) $CH_2=CH-CH_2Cl + Br\cdot \longrightarrow BrCH_2-\overset{\cdot}{C}H-CH_2Cl$
      $\xrightarrow{H-Br} BrCH_2-CH_2-CH_2Cl + Br\cdot$
   c) $Br\cdot + \cdot Br \longrightarrow Br_2$

4. Radikale sind Atome, Moleküle oder Ionen, die ungepaarte Elektronen aufweisen. Sie entstehen durch homolytische (symmetrische) Spaltung von Elektronenpaarbindungen unter dem Einfluß von UV-Licht oder Wärme.

5. Aus $E = h \cdot \nu$ und $c = \lambda \cdot \nu$ folgt

$$E = \frac{h \cdot c}{\lambda}$$

$$= \frac{6{,}63 \cdot 10^{-27}\,\text{erg s} \cdot 3 \cdot 10^{10}\,\text{cm}}{7 \cdot 10^{-5}\,\text{cm s}}$$

$$= 2{,}84 \cdot 10^{-12}\,\text{erg}$$

$$= 2{,}84 \cdot 10^{-12} \cdot 2{,}3885 \cdot 10^{-11}\,\text{kcal}$$

$$\underline{E = 6{,}78 \cdot 10^{-23}\,\text{kcal pro Molekül}}$$

Oder bezogen auf 1 mol:

$$E = 6{,}78 \cdot 10^{-23}\,\text{kcal}\ 6{,}02 \cdot 10^{23}\,\text{mol}^{-1}$$

$$\underline{\underline{E = 40{,}8\,\text{kcal mol}^{-1}}}$$

Rotes Licht ($\lambda = 700$ nm) ist nicht energiereich genug, um Chlormoleküle zu spalten.

6. 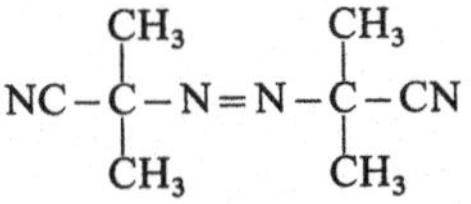

Azo-bis-isobuttersäurenitril

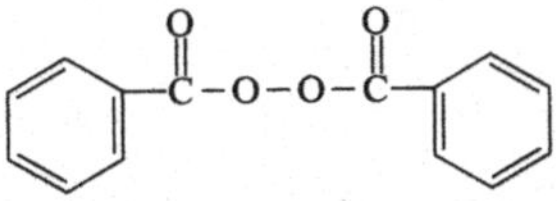

Benzoylperoxid

7. 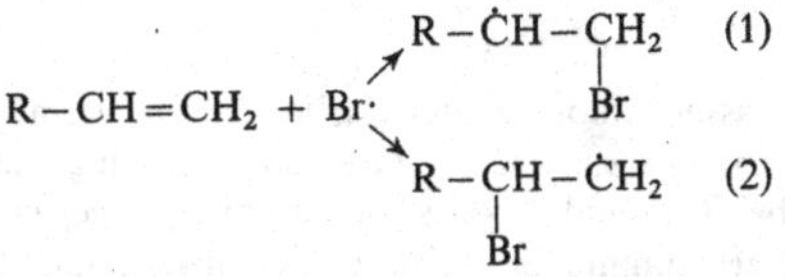

Es wird überwiegend (1) gebildet, weil die Stabilität der Radikale von primären über sekundären zu tertiären Kohlenstoffatomen zunimmt.

8. $R-CH{=}CH_2 + HBr \longrightarrow R-CH_2-CH_2Br$

9. Bei der elektrophilen Addition von Protonsäuren an unsymmetrisch substituierte Alkene tritt das Wasserstoffatom an das wasserstoffreichste Kohlenstoffatom der Doppelbindung.

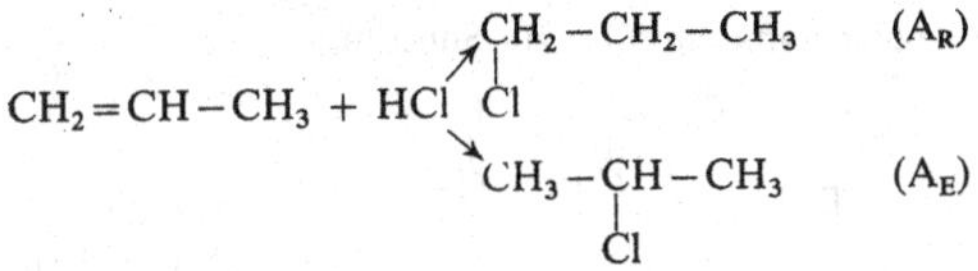

10. Elektrophile Reagenzien: Kationen, Lewis-Säuren und Halogene.
    Nucleophile Reagenzien: Anionen, Lewis-Basen und Aromaten.
    Elektrophile Addition; nucleophil.

11. Mechanismus der elektrophilen Addition:
    a) Bildung eines π-Komplexes und eines Choroniumkomplexes

$$\begin{array}{c}\diagdown\diagup\\C=C\\\diagup\diagdown\end{array} + Cl-Cl \longrightarrow \begin{array}{c}\underset{\overset{Cl}{|}}{\overset{\overset{\displaystyle Cl}{|}}{\uparrow}}\\C\!\!=\!\!C\end{array} \longrightarrow \begin{array}{c}\diagdown\overset{Cl}{\underset{\overset{\oplus}{C}}{\cdot\cdot}}\diagup\\\diagup C \,\, C\diagdown\end{array} + Cl^{\ominus}$$

    b) Bildung eines Carbeniumions

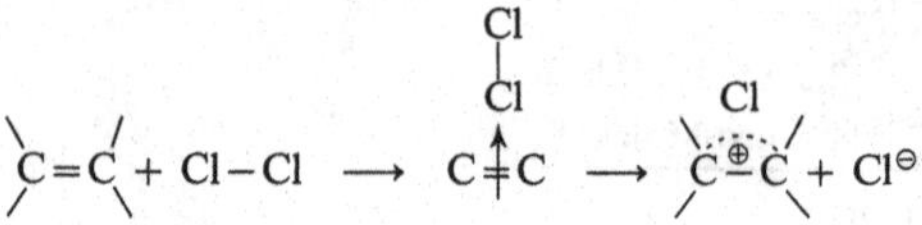

$$\begin{array}{c}\diagdown\overset{Cl}{\underset{C}{\cdot}}\overset{\oplus}{\underset{C}{\cdots}}\diagup\\\diagup \quad \diagdown\end{array} \longrightarrow \begin{array}{c}\overset{\oplus}{|}\quad\overset{Cl}{|}\\-C-C-\\|\quad\quad|\end{array}$$

    Es bildet sich das energieärmste Carbeniumion.

    c) Addition eines nucleophilen Reagens

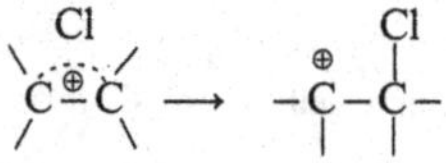

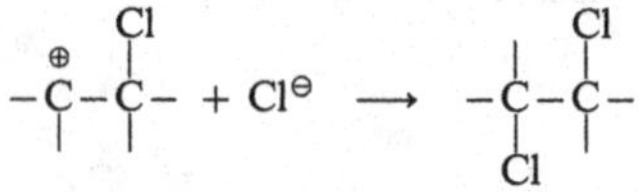

$$\begin{array}{c}\overset{\oplus}{|}\quad\overset{Cl}{|}\\-C-C-\\|\quad\quad|\end{array} + Cl^{\ominus} \longrightarrow \begin{array}{c}|\quad\overset{Cl}{|}\\-C-C-\\|\quad\underset{Cl}{|}\end{array}$$

12. Eliminierung

    a) $CH_3 - \overset{\overset{\displaystyle CH_3}{|}}{\underset{\underset{\displaystyle CH_3}{|}}{C}} - Cl$ b) $CH_3 - \underset{\underset{\displaystyle CH_3}{|}}{C} = CH_2 + HCl$

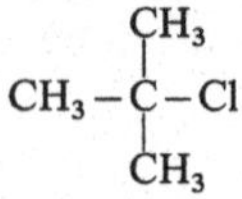

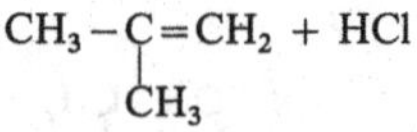

13. Polare Lösungsmittel, wie Wasser Alkohole und Carbonsäuren, vermögen
    bei Reaktionen Ionen zu solvatisieren und zu einer Stabilisierung dieser
    Ionen beizutragen. Da nur bei S_N1- und E1-Reaktionen, nicht dagegen bei
    S_N2- und E2-Reaktionen Carbeniumionen auftreten, werden polare Lö-
    sungsmittel die monomolekularen Reaktionen begünstigen.

14. die Konzentrationen beider Reaktionspartner beteiligt.

15. $|Y^{\ominus} + \begin{array}{c}\overset{\overset{\displaystyle H}{|}}{\underset{\underset{\displaystyle \beta}{}}{C}}\\-C-\\\underset{\alpha}{|}\end{array}\!\!-X \longrightarrow \begin{array}{c}\overset{\overset{\displaystyle H}{|}}{}\\\overset{\delta-}{Y}\cdots\underset{\diagup}{C}\cdots\overset{\delta-}{X}\end{array} \longrightarrow Y-\begin{array}{c}\overset{\overset{\displaystyle H}{|}}{}\\C-\\|\end{array} + |X^{\ominus} \quad (S_N2)$

    Der Angriff am α-Kohlenstoffatom führt zur Substitution

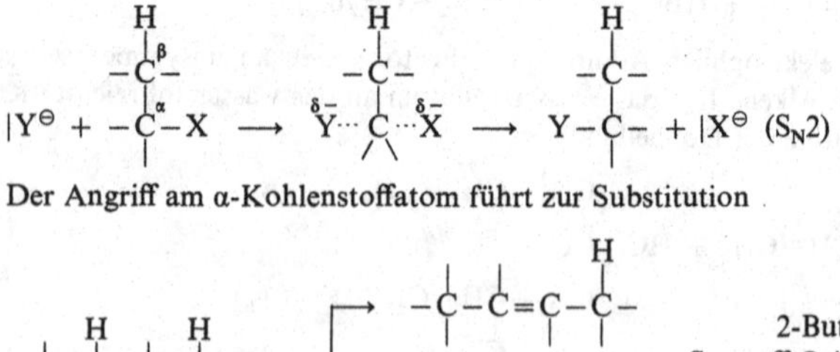

16. $-\overset{|}{\underset{|}{C}}-\overset{\overset{\displaystyle H}{|}}{\underset{|}{C}}-\overset{\overset{\displaystyle H}{|}}{\underset{\underset{\displaystyle OH}{|}}{C}}-\overset{|}{\underset{|}{C}}-$
$\begin{cases} -\overset{|}{\underset{|}{C}}-\overset{\overset{\displaystyle H}{|}}{C}=C-\overset{\overset{\displaystyle }{|}}{\underset{|}{C}}- \\ \\ -\overset{|}{\underset{|}{C}}-\overset{\overset{\displaystyle H}{|}}{\underset{|}{C}}-\overset{\overset{\displaystyle H}{|}}{\underset{|}{C}}=C\diagdown^{\diagup} \end{cases}$

2-Buten
Saytzeff-Orientierung
───────────
1-Buten
Hofmann-Orientierung

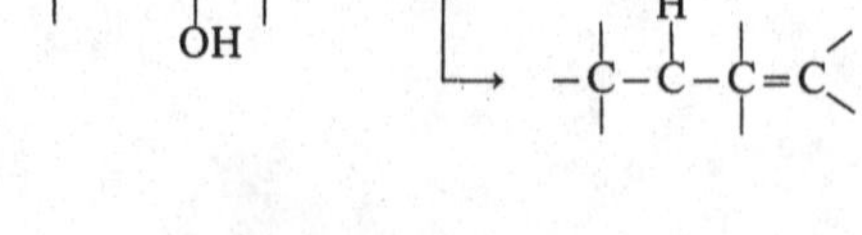

25. Lerntest

1. aromatische, Benzol

2.

Y	Name des Monosubstitutionsproduktes
$-OH$	Phenol
$-CH_3$	Toluol
$-Cl$	Chlorbenzol
$-NH_2$	Anilin
$-NO_2$	Nitrobenzol
$-SO_3H$	Benzolsulfonsäure
$-\underset{\underset{O}{\|}}{C}-CH_3$	Acetophenon
$-COOH$	Benzoesäure
$-CH=CH_2$	Styrol

3. Es gibt nur ein Toluol: 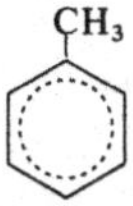 weil Benzol sechs gleichlange und gleichwertige C – C-Bindungen besitzt.

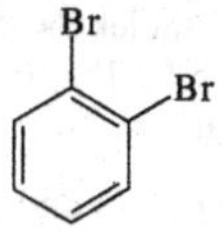

1.2-Dibrombenzol

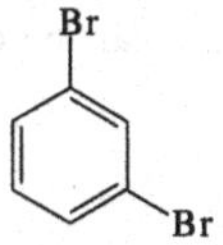

1.3-Dibrombenzol

1.4-Dibrombenzol

5.

Reagenz	Benzol	Cyclohexen
$KMnO_4$	–	+
Br_2/CCl_4	–	+
HJ	–	+

6. Der Grund für die verminderte Reaktivität des Benzols im Vergleich zu den Alkenen liegt in der elektronischen Struktur verborgen. Die sechs p-Orbitale der Kohlenstoffatome des Benzolrings verschmelzen zu zwei ringförmigen Elektronenwolken, von denen eine unterhalb und eine oberhalb des ebenen Ringes liegt. Diese Delokalisation der π-Elektronen bewirkt die erhöhte Stabilität des Benzolmoleküls.

7. Bei der Hydrierung einer Doppelbindung werden 28 bis 30 kcal/mol freigesetzt; so entstehen bei der Reaktion

$$\text{⬡} + H_2 \longrightarrow \text{⬡} + 28,6 \text{ kcal mol}$$

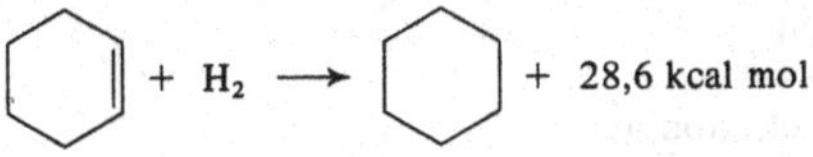

Um diese Hydrierungswärme ist Cyclohexan stabiler als Cyclohexen. Die theoretische Verbindung Cyclohexatrien müßte demnach bei der Hydrierung $3 \cdot 28,6 = 85,8$ kcal/mol liefern:

$$\text{⬡} + 3 H_2 \longrightarrow \text{⬡} + 85,8 \text{ kcal mol}$$

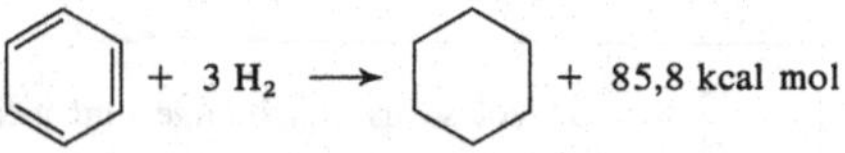

Gefunden werden bei der Hydrierung von Benzol jedoch nur 49,8 kcal/mol. Die Differenz von 36 kcal/mol ist ein Ausdruck für den geringeren Energieinhalt und ein Maß für die vermehrte Stabilität des Benzolmoleküls. Die Verbrennungswärme von Benzol ist um denselben Betrag (36 kcal/mol) geringer als die berechnete Verbrennungswärme von Cyclohexatrien.

8. Weil bei einer Substitution (Ersatz eines Wasserstoffatoms durch ein anderes Atom oder eine andere Atomgruppe) das System der konjugierten Doppelbindungen erhalten bleibt, ist die Substitution die bevorzugte Reaktion der Aromaten.

9. a) 2 (n = 0)
   b) 6 (n = 1)
   c) 6
   d) 6

10. a)

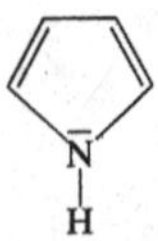

Pyrrol

b)

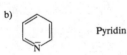

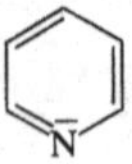

Pyridin

11. a)

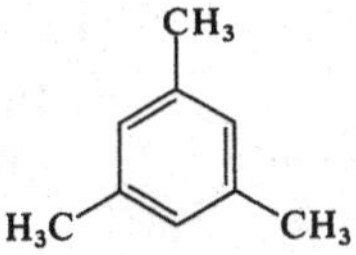

b)

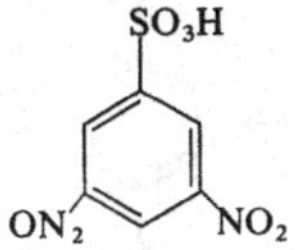

c)

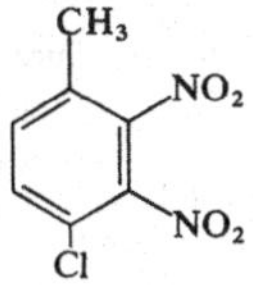

d)

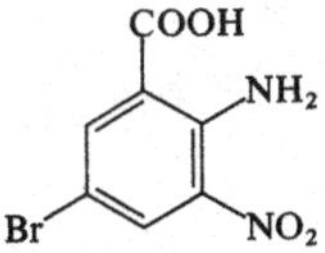

12. A = p-Dibrombenzol
B = o-Dibrombenzol
C = m-Dibrombenzol

13. schneller

14. 1. Ordnung: ortho- und paradirigierend
2. Ordnung: metadirigierend

Substituenten	I	II	III
$-NH_2$	+		
$-OH$	+		
$-OCH_3$	+		
$-CH_3$	+		
$-NO_2$			+
$-NR_3$			+
$-CN$			+
$-COOH$			+
$-SO_3H$			+
$-CHO$			+
$-Cl$		+	
$-Br$		+	

15.

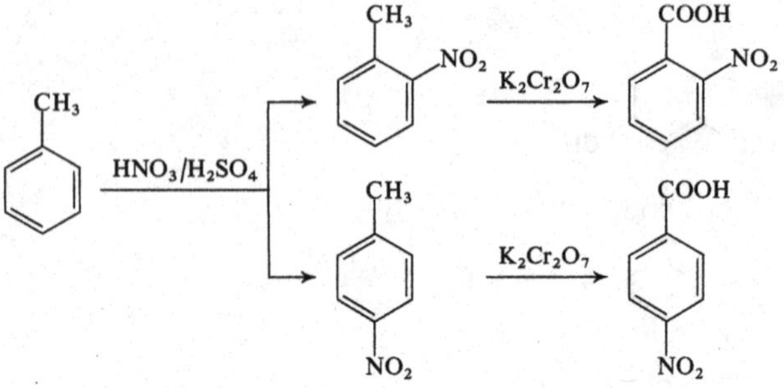

(1)

(2)

(1) = o-Nitrobenzoesäure
(2) = p-Nitrobenzoesäure
(3) = m-Nitrobenzoesäure

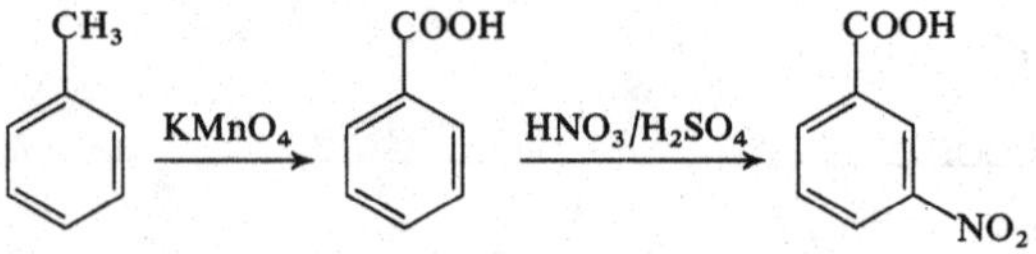

(3)

16. elektrophilen aromatischen Substitution.

26. Lerntest

2. Acylgruppe ($R-\overset{O}{\overset{\|}{C}}-$), Alkylgruppe (R) eingeführt.
   Acylierungsmittel: Säurehalogenide, Carbonsäureanhydride
   Alkylierungsmittel: Halogenalkane, speziell: Dimethylsulfat

3. sie Elektronenunterschuß hat. Verbindungen mit einsamen Elektronenpaaren sind *Lewis*-Basen.
   Lewis-Säuren: BF_3, $ZnCl_2$, $AlCl_3$,
   Katalysator

4.

a) 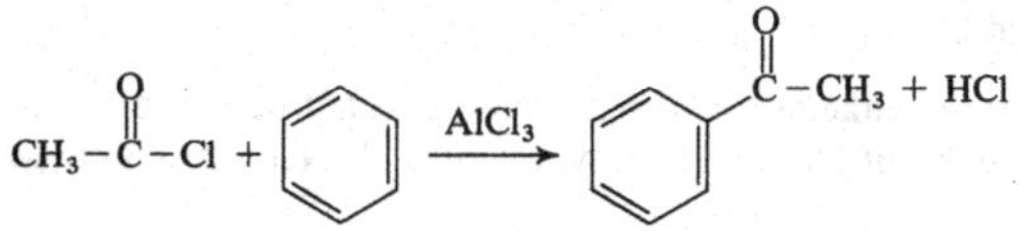

b) 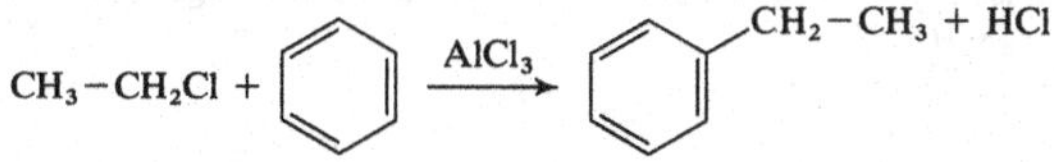

5. Acetylchlorid ($CH_3-\overset{O}{\overset{\|}{C}}-Cl$)

6. a) 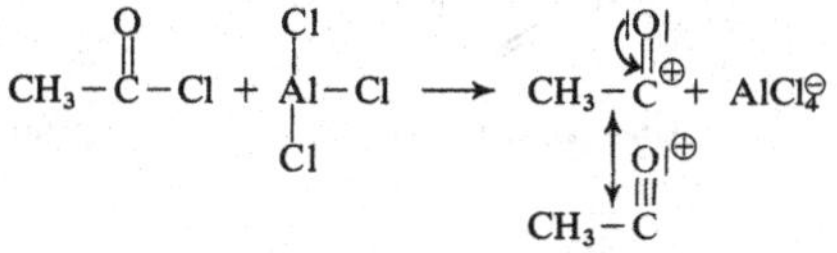

b) 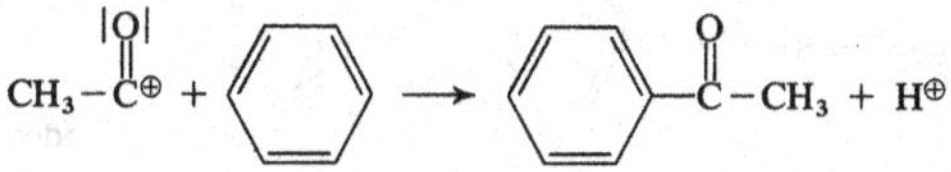

c) $H^{\oplus} + AlCl_4^{\ominus} \longrightarrow AlCl_3 + HCl$

7. elektrophile Substitution

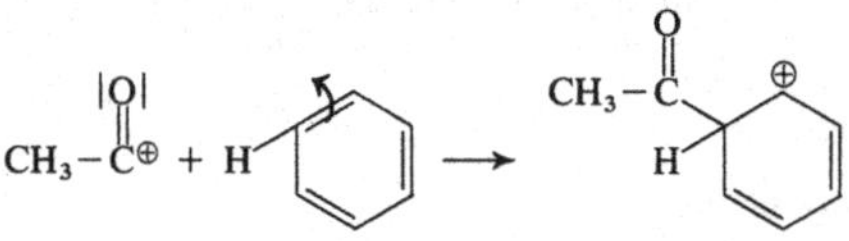

8.

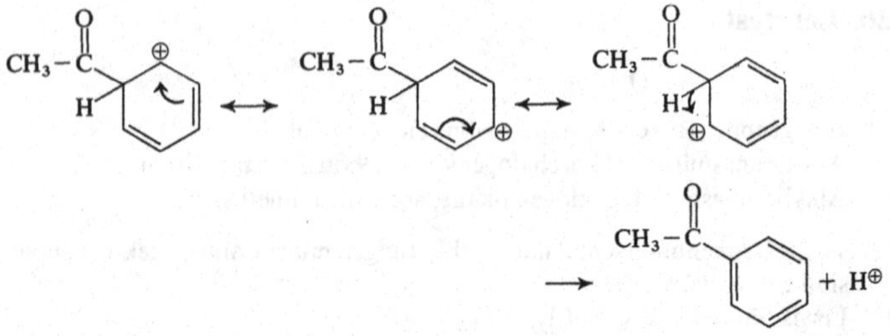

Durch die Abspaltung eines Protons wird der aromatische Zustand wieder zurückgebildet.

9. Da eine Alkylseitenkette einen weiteren Angriff auf den aromatischen Ring erleichtert, muß mit Di- und Trialkylbenzolen als Nebenprodukte gerechnet werden.
   Außerdem ist es möglich, daß sich die Alkylgruppe des eingesetzten Halogenalkans umlagert.

10. $CH_3-CH=CH_2 + H^+ \longrightarrow CH_3-\overset{\oplus}{C}H-CH_3$

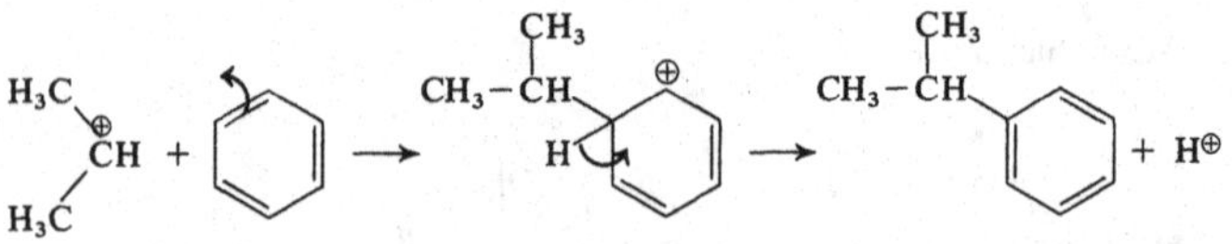

Übergangszustand   Isopropylbenzol

11. a) $CH_3-(CH_2)_{10}-CH_2-OH +$ $\xrightarrow{H^{\oplus}}$

Dodecylbenzol

b) 3 $+ CCl_4 \xrightarrow{AlCl_3} C_6H_5-\overset{C_6H_5}{\underset{Cl}{\overset{|}{C}}}-C_6H_5$

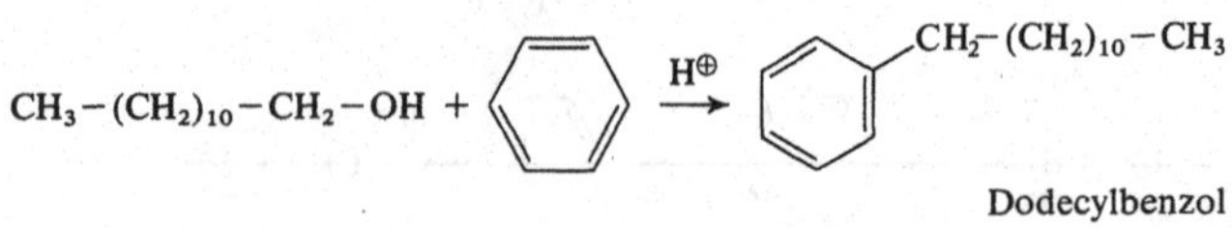

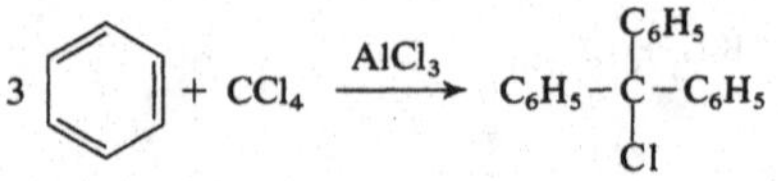

Triphenylchlormethan

12. $R-X + Mg \longrightarrow R-Mg-X$

Grignardverbindung

13. 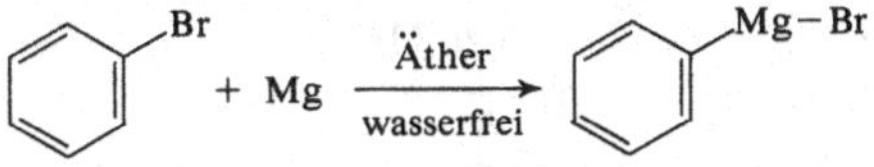

Phenylmagnesiumbromid

14. $R-\overset{\delta-}{C}H_2-\overset{\delta+}{Mg}-J$

15. Da in der *Grignard*verbindung ein Carbanion vorgebildet ist, reagiert sie als Nucleophil.

17.
$$R-Mg-X + H-O-H \longrightarrow R-H + Mg(OH)X$$
$$R-Mg-X + H-O-R' \longrightarrow R-H + R-O-Mg-X$$
$$R-Mg-X + H-O-C_6H_5 \longrightarrow R-H + C_6H_5-O-Mg-X$$
$$R-Mg-X + HOOC-R' \longrightarrow R-H + R'-COOMg-X$$
$$R-Mg-X + H_2N-R' \longrightarrow R-H + R'-NH-Mg-X$$
$$R-Mg-X + HC{\equiv}CH \longrightarrow R-H + HC{\equiv}C-Mg-X$$

Kohlenwasserstoffe

18. $CH_3-Mg-J + HX \longrightarrow CH_4 + Mg(X)J$
1 mmol H = 22,4 ml Methan (NB)

19. $R-Mg-X + R'-X \longrightarrow R-R' + MgX_2$

20. $R-CH_2-MgX + \rangle C{=}O \longrightarrow R-CH_2-\overset{|}{\underset{|}{C}}-O-MgX$

21. $R-CH_2-\overset{|}{\underset{|}{C}}-O-MgX + H_2O \longrightarrow R-CH_2-\overset{|}{\underset{|}{C}}-OH + Mg(OH)X$

22. a) Formaldehyd ⟶ prim. Alkohole
b) Aldehyde ⟶ sek. Alkohole
c) Ketone ⟶ tert. Alkohole

23. a) $CH_3-CH_2-CH_2-Br + Mg \xrightarrow{\text{Äther}} CH_3-CH_2-CH_2-MgBr$

b) $CH_3-CH_2-CH_2-MgBr + CH_3-\overset{\overset{|\bar{O}|}{\|}}{C}H$

$$\longrightarrow CH_3-CH_2-CH_2-\overset{\overset{|\bar{O}|^{\ominus}MgBr^{\oplus}}{|}}{\underset{\underset{H}{|}}{C}}-CH_3$$

c) $CH_3-CH_2-CH_2-\overset{\overset{|\bar{O}|^{\ominus}MgBr^{\oplus}}{|}}{\underset{\underset{H}{|}}{C}}-CH_3 + H_2O$

$$\longrightarrow CH_3-CH_2-CH_2-CH(OH)-CH_3$$

2-Pentanol

24. $R-Mg-X \quad + H-\overset{\displaystyle O}{\overset{\|}{C}}-O-R' \longrightarrow H-\overset{\displaystyle |\bar{O}|^{\ominus}MgX^{\oplus}}{\underset{\displaystyle R}{\overset{|}{\underset{|}{C}}}}-O-R' \longrightarrow$

$R'-O-MgX + R-\overset{\displaystyle O}{\overset{\|}{C}}H$

$R-\overset{\displaystyle O}{\overset{\|}{C}}H \quad + R-Mg-X \longrightarrow R-\overset{\displaystyle |\bar{O}|^{\ominus}MgX^{\oplus}}{\underset{\displaystyle H}{\overset{|}{\underset{|}{C}}}}-R \xrightarrow{\ +H_2O\ }$

$Mg(OH)X \quad + R-\overset{\displaystyle OH}{\underset{\displaystyle H}{\overset{|}{\underset{|}{C}}}}-R$

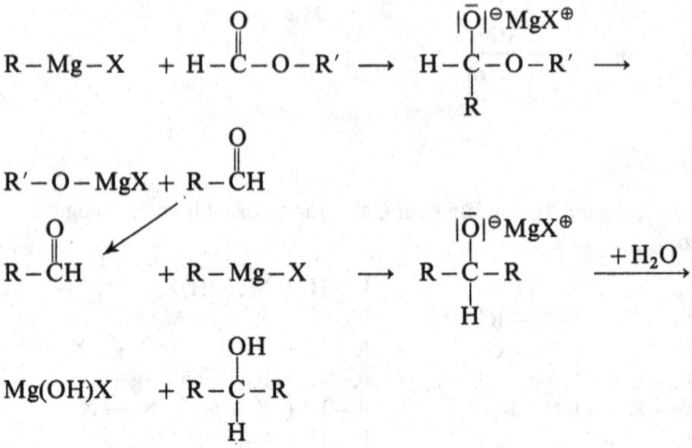

Es entstehen symmetrische sekundäre Alkohole.

25. $R-Mg-X + O=C=O \longrightarrow R-\overset{\displaystyle O}{\overset{\|}{C}}-\bar{\underline{O}}|^{\ominus}MgX \xrightarrow{\ +H_2O\ }$

$R-\overset{\displaystyle O}{\overset{\|}{C}}-OH + Mg(OH)X$

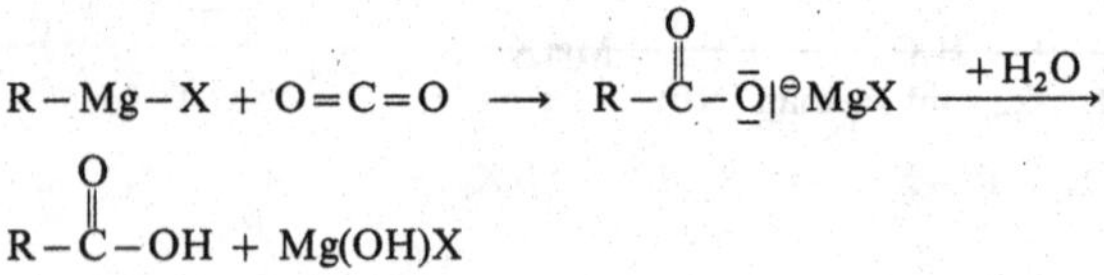

Carbonsäuren

Kapitel IV

Verbindungsklassen der Organischen Chemie

27. Lerntest

1. Kohlenstoff und Wasserstoff

2. Gesättigte Kohlenwasserstoffe sind reaktionsträger als ungesättigte Kohlenwasserstoffe. Alkene enthalten als funktionelle Gruppe Doppelbindungen im Molekül. Sie sind in der Lage, Additions- und Polymerisationsreaktionen einzugehen.

3. a) Alkane C_nH_{2n+2}
   b) Alkene C_nH_n
   c) Alkine C_nH_{2n-2}

4. Sie unterscheiden sich in der Anzahl der CH_2-Gruppen.

5.

Methan	CH_4
Äthan	C_2H_6
n-Propan	C_3H_8
n-Butan	C_4H_{10}
n-Pentan	C_5H_{12}
n-Hexan	C_6H_{14}
n-Heptan	C_7H_{16}
n-Oktan	C_8H_{18}
n-Nonan	C_9H_{20}
n-Decan	$C_{10}H_{22}$

6. Unter n-Alkanen versteht man unverzweigte Kohlenwasserstoffe, Isoalkane dagegen sind verzweigt.

7. Isomere Verbindungen haben dieselbe Summenformel, aber unterschiedliche Verknüpfungen der C-Atome oder sie unterscheiden sich in der räumlichen Anordnung der Atome.

8. n-Hexan ist geradkettig; Cyclohexan ringförmig gebaut.
   n-Hexan: $CH_3-CH_2-CH_2-CH_2-CH_2-CH_3$
   Cyclohexan:

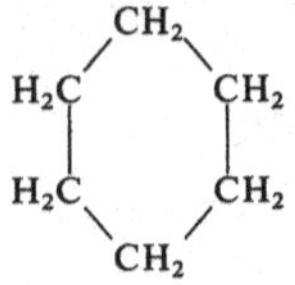

9. Allgemeine Formel der Cycloalkane und Alkene mit einer Doppelbindung: C_nH_{2n}.

10. Erdöl; fraktionierte Destillation

11. *Wurtz*sche Synthese

$$CH_3-CH_2Br + CH_3-CH_2-CH_2Br + 2\,Na$$
$$\longrightarrow 2\,NaBr + CH_3-CH_2-CH_2-CH_2-CH_3$$

n-Butan (C_4H_{10}) und n-Hexan (C_6H_{14}) werden noch als Nebenprodukte anfallen.

12. Kraftstoffe sind verzweigte höhere Alkane.
Beispiel: Isooktan = 2.2.4-Trimethylpentan.

13.

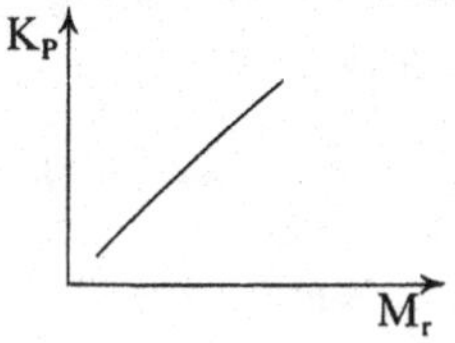

14. $CH_4 \xrightarrow{\text{elektr. Lichtbogen}} C + 2\,H_2$

Cracken;
Ein Radikal kann ein Ion, Atom oder Molekül sein. Es enthält ungepaarte (entkoppelte) Elektronen. Radikale sind sehr reaktiv.

15.
$$CH_3-\underset{\underset{CH_3}{|}}{\overset{\overset{CH_3}{|}}{C}}-CH_2-\underset{\underset{CH_3}{|}}{CH}-CH_3$$

16. Hexan: C_6H_{14}

n-Hexan $CH_3-CH_2-CH_2-CH_2-CH_2-CH_3$

2-Methylpentan $CH_3-\underset{\underset{CH_3}{|}}{CH}-CH_2-CH_2-CH_3$

3-Methylpentan $CH_3-CH_2-\underset{\underset{CH_3}{|}}{CH}-CH_2-CH_3$

2.2.-Dimethylbutan $CH_3-\underset{\underset{CH_3}{|}}{\overset{\overset{CH_3}{|}}{C}}-CH_2-CH_3$

17. $H-\overset{\overset{H}{|}}{\underset{\underset{H}{|}}{C}}-\overset{\overset{H}{|}}{\underset{\underset{H}{|}}{C}}-\overset{\overset{H}{|}}{\underset{\underset{H}{|}}{C}}-H + 5\,O_2 \longrightarrow 3\,CO_2 + 4\,H_2O$

Pro Mol werden getrennt:

8 C – H-Bindungen: 8 · 98,7 kcal = 789,6 kcal
2 C – C-Bindungen: 2 · 82,6 kcal = 165,2 kcal
5 O = O-Bindungen: 5 · 119,1 kcal = 595,5 kcal

1550,3 kcal

werden benötigt

Dabei werden gebildet:

6 C = O-Bindungen: 6 · 192,0 kcal = 1152,0 kcal
8 O – H-Bindungen: 8 · 110,6 kcal = 884,8 kcal

2036,8 kcal

werden frei

2036,8 kcal – 1550,3 kcal = 486,5 kcal beträgt die Verbrennungswärme pro Mol.

Die Molmasse von Propan: $m_M = 44,1$ g/mol

$$n = \frac{m}{m_M}$$

$$= \frac{4,4\,g}{44,1\,g/mol}$$

$$n = 0,1\,mol$$

4,4 g Propan liefern $\frac{486,5\,kcal \cdot 0,1\,mol}{1\,mol} = 48,65$ kcal

18. Alkene zeichnen sich durch eine Kohlenstoff-Kohlenstoff-Doppelbindung aus. Bei den Alkinen ist das wesentliche Strukturmerkmal die Dreifachbindung.
Diese funktionellen Gruppen sind sehr reaktiv und vor allem Additionsreaktionen zugänglich.

19.

Formel	Name
$CH_3-CH=CH_2$	Propen
$CH_3-C(CH_3)_2-CH_3=CH_2$	3.3-Dimethyl-1-buten
$(CH_3)_2C=C(CH_3)_2$	2.3-Dimethyl-2-buten
$CH_3-C(Br)=CH(Cl)$	2-Brom-1-chlorpropen

20.

Name	Formel
1-Chlor-1-propen	$\overset{\displaystyle Cl}{H\overset{\shortmid}{C}} = CH - CH_3$
2-Chlor-1-propen	$H_2C = \overset{\overset{\displaystyle Cl}{\shortmid}}{C} - CH_3$
3-Chlor-1-propen	$H_2C = CH - \overset{\overset{\displaystyle Cl}{\shortmid}}{C}H_2$
3-Brom-2-methyl-propen	$H_2C = \overset{\overset{\displaystyle Br}{\shortmid}}{\underset{\underset{\displaystyle CH_3}{\shortmid}}{C}} - CH_2$

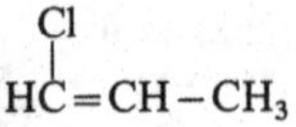

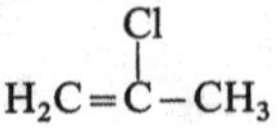

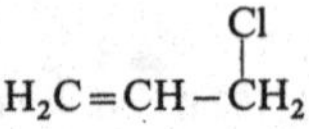

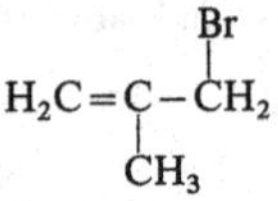

21.

Name	Formel
1-Buten	$CH_2 = CH - CH_2 - CH_3$
Isobuten	$CH_3 - \overset{}{\underset{\underset{\displaystyle CH_3}{\shortmid}}{C}} = CH_2$
trans-2-Buten	$\overset{H}{\underset{H_3C}{>}} C = C \overset{CH_3}{\underset{H}{<}}$
cis-2-Buten	$\overset{H}{\underset{H_3C}{>}} C = C \overset{H}{\underset{CH_3}{<}}$

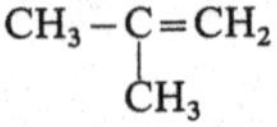

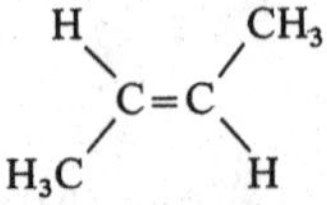

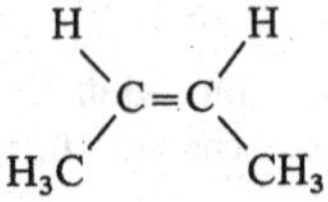

22. Es besteht um die Kohlenstoff-Kohlenstoff-Doppelbindung keine freie Drehbarkeit, die Rotation ist behindert, deswegen existieren die beiden verschiedenen Verbindungen: trans-2-Buten und cis-2-Buten.

23.

$$\overset{Br}{\underset{Br}{>}} \overset{\displaystyle C}{\underset{\displaystyle C}{|}} \overset{H}{\underset{H}{<}} \qquad \overset{Br}{\underset{H}{>}} \overset{\displaystyle C}{\underset{\displaystyle C}{|}} \overset{H}{\underset{Br}{<}}$$

cis- trans-

1.2-Dibromäthen

24. Eliminierung:

$$-\overset{\overset{\shortmid}{}}{\underset{\underset{\displaystyle X}{\shortmid}}{C}} - \overset{\overset{\shortmid}{}}{\underset{\underset{\displaystyle Y}{\shortmid}}{C}} - \longrightarrow \overset{\diagdown}{\diagup} C = C \overset{\diagup}{\diagdown} + XY$$

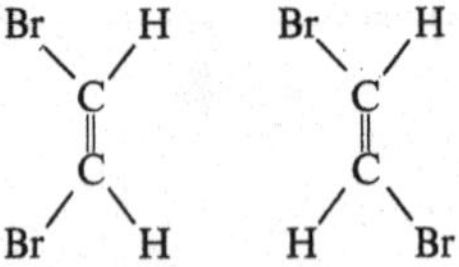

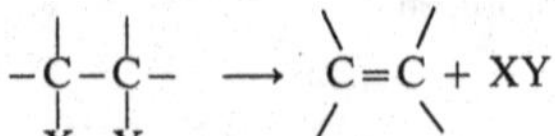

25. a) $-\underset{\underset{H}{|}}{C}-\underset{\underset{X}{|}}{C}- + \text{KOH} \longrightarrow \overset{\diagdown}{\underset{\diagup}{C}}=\overset{\diagup}{\underset{\diagdown}{C}} + \text{KX} + H_2O$

    b) $-\underset{\underset{H}{|}}{C}-\underset{\underset{OH}{|}}{C}- + \text{Säure} \longrightarrow \overset{\diagdown}{\underset{\diagup}{C}}=\overset{\diagup}{\underset{\diagdown}{C}} + H_2O$

                                                (Säure = H_2SO_4 oder H_3PO_4)

26. $H_3C-\underset{\underset{Cl}{|}}{\overset{\overset{CH_3}{|}}{C}}-CH_3 \longrightarrow H_2C=\overset{\overset{CH_3}{|}}{C}-CH_3$

    2-Chlor-2-methylpropan

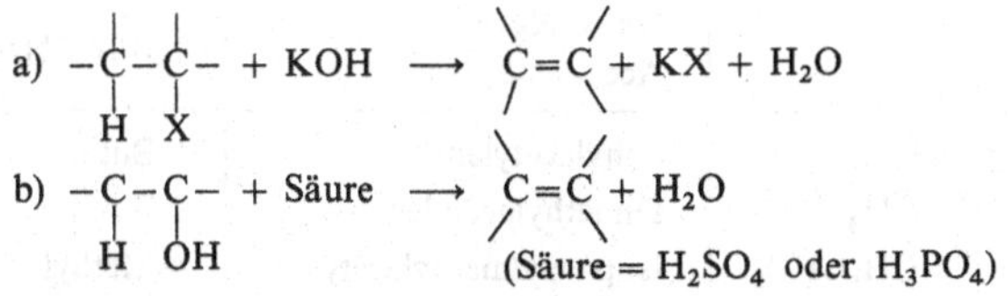

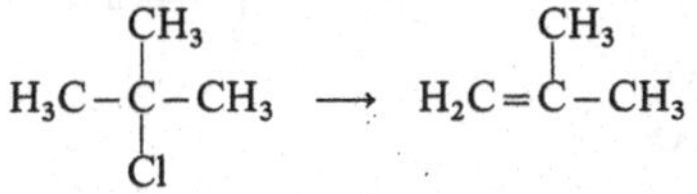

27. $H_3C-\underset{\underset{OH}{|}}{\overset{\overset{CH_3}{|}}{C}}-CH_3 \longrightarrow H_2C=\overset{\overset{CH_3}{|}}{C}-CH_3$ 2-Methylpropen

28. Addition: $C=C + XY \longrightarrow -\underset{\underset{X}{|}}{C}-\underset{\underset{Y}{|}}{C}-$

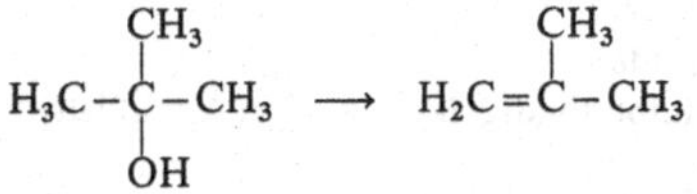

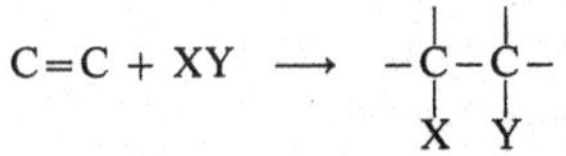

29.

XY	Entstandene Verbindungsklasse
H_2	Alkane
Halogene	Dihalogenalkane
Halogenwasserstoff	Halogenalkane
H^+/H_2O	Alkohole

30. a) $CH_3-\underset{\underset{Br}{|}}{CH}-CH_3$ (polare Bedingungen, Markownikoff-Addition)

    b) $CH_3-CH_2-\underset{\underset{Br}{|}}{CH_2}$ (radikalische Bedingungen, Antimarkownikoff-Addition)

31. Diene, 1.3-Butadien

    $HO-CH_2-CH_2-CH_2-CH_2-OH$ (1.4-Butandiol)

32. a) 1.3-Butadien (konjugiert)
    b) 1.2-Propadien (kumuliert)
    c) 1.4-Pentadien (isoliert)

33. $H_2C=\underset{\underset{CH_3}{|}}{C}-CH=CH_2 + Br_2 \longrightarrow H_2\underset{\underset{Br}{|}}{C}-\overset{\overset{CH_3}{|}}{C}=CH-\underset{\underset{Br}{|}}{CH_2}$

                                            1.4-Dibrom-2-methyl-2-buten

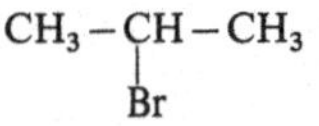

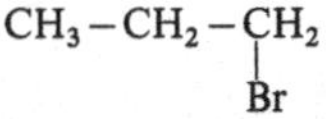

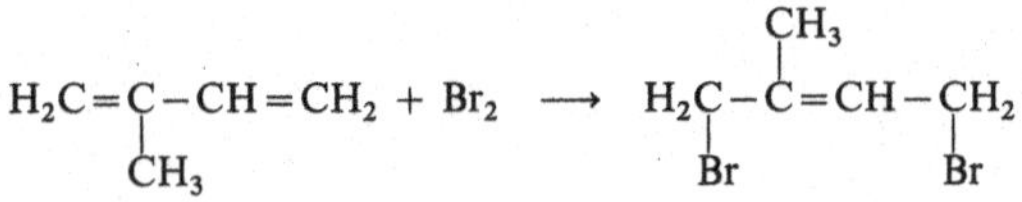

34. C_nH_{2n-2}, Alkine, Kohlenstoff-Kohlenstoff-Dreifachbindung, Äthin (Acetylen), $HC\equiv CH$.

35.

Formel	Name als Acetylenderivat	IUPAC-Name
$C_2H_5-C\equiv CH$	Äthylacetylen	1-Butin
$CH_3-C\equiv C-CH_3$	Dimethylacetylen	2-Butin
$CH_3-C\equiv C-CH(CH_3)_2$	Isopropylmethylacetylen	4-Methyl-2-pentin

36. $CaCO_3 \longrightarrow CaO + CO_2$
$CaO + 3C \longrightarrow CaC_2 + CO$
$CaC_2 + 2H_2O \longrightarrow Ca(OH)_2 + C_2H_2$

37. Vicinale Dihalogenide

38. Alkene und Alkane; Alkylhalogenide;
$H_2C=CH-OH$: Vinylalkohol, unbeständig; lagert sich zu Acetaldehyd um.

39. Acetylide, die Salze des Acetylens;
$HC\equiv CH + 2Ag^{\oplus} \longrightarrow AgC\equiv CAg + 2H^{\oplus}$
Silberacetylid

28. Lerntest

1. Halogene ersetzt (substituiert) sind; unlöslich

2.

Formeln	Namen
CH_2Cl_2	Dichlormethan
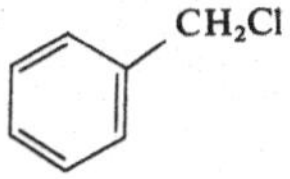	Benzylchlorid
FCH_2-CH_2F	1.2-Difluoräthan
$CH_3-C(CH_3)_2-CH_2-Cl$	1-Chlor-2.2-dimethylpropan
$(H_3C)_2CH-Br$	2-Brompropan

3. a) $NaBr + AgNO_3 \longrightarrow AgBr + NaNO_3$
   b) keine Reaktion
   c) keine Reaktion
   d) $KJ + AgNO_3 \longrightarrow AgJ + KNO_3$
   Daß bei b) und c) keine Reaktion stattfindet, liegt an der kovalenten Kohlenstoff-Halogen-Bindung in den organischen Molekülen CH_3Br und C_6H_5Cl. Dagegen sind NaBr und KJ in Ionen dissoziiert, so daß schwerlösliches AgBr bzw. AgJ ausfallen kann.

4. Frigene und Freone sind Halogenalkane, die sich vom Methan, Äthan und Propan ableiten und in denen fast alle Wasserstoffatome durch Fluor und Chlor ersetzt sind. Sie finden Verwendung als Treibgas in Spraydosen und als Kältemittel.
   $CCl_2F-CClF_2$: 1.1.2-Trichlor-1.2.2-trifluoräthan

5. $F_2C=CF_2$ Tetrafluoräthen

6. $HC \equiv CH + HCl \longrightarrow CH_2=CHCl$.
   Vinylchlorid ist das Monomere des Polyvinylchlorids

7. a) Substitution (radikalischer Mechanismus)
   b) Substitution
   c) Addition
   d) Addition
   e) Substitution

8. Nucleophile Substitution (S_N)

9.

Nucleophil	Entstandene Verbindungsklasse
Hydroxylionen	Alkohole
Alkoholat	Äther
Jodid	Alkyljodide
Cyanid	Nitrile
Carboxylat	Ester
prim. Amin	sek. Amine

10. $-\overset{\overset{H}{|}}{\underset{|}{C}}-\overset{|}{\underset{\underset{X}{|}}{C}}- \longrightarrow \;>C=C<\; + HX$

Eliminierung, Basen

11. $CH_3-\underset{\underset{Cl}{|}}{CH}-CH_3 \longrightarrow CH_3-CH=CH_2 + HCl$

12. 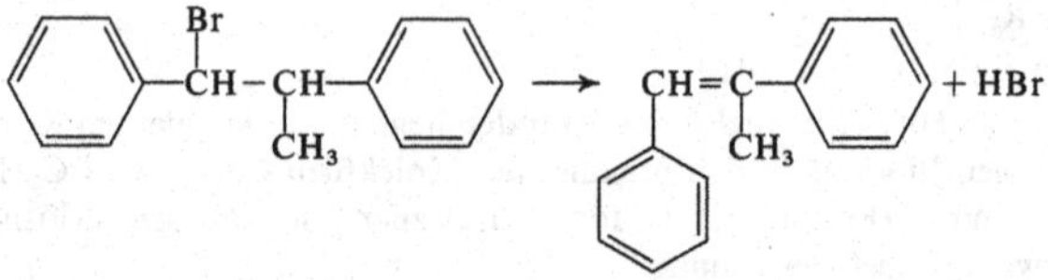

1-Brom-1.2-diphenylpropan   1.2-Diphenylpropen

13. $CH_3-\underset{\underset{Br}{|}}{CH}-CH_2-CH_3 \xrightarrow{KOH} CH_3-CH=CH-CH_3$ und
Buten-2
$CH_2=CH-CH_2-CH_3$
Buten-1

14. 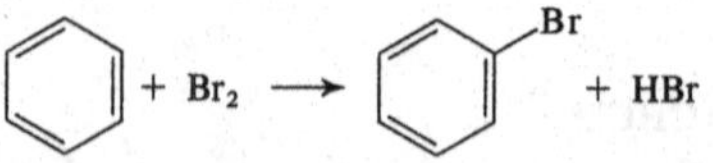

1 mol = 78,1 g   1 mol = 80,9 g

Aus 78,1 g Benzol entstehen 80,9 g Bromwasserstoff; aus

100 g Benzol $\frac{80{,}9\,\text{g} \cdot 100\,\text{g}}{78{,}1\,\text{g}} = 103{,}6\,\text{g}$ Bromwasserstoff.

Bei 80%iger Ausbeute nur $\frac{103{,}6\,\text{g} \cdot 80\%}{100\%} = 82{,}9\,\text{g}$ HBr-Gas.

Mit 35 g HBr-Gas lassen sich 100 g 35%ige Lösung herstellen, mit 82,9 g entsprechend mehr:

$\frac{100\,\text{g} \cdot 82{,}9\,\text{g}}{35\,\text{g}} = 236{,}8\,\text{g}$ 35%ige Bromwasserstoffsäure.

Es müssen 236,8 g – 82,9 g = 153,9 g Wasser vorgelegt werden.

29. Lerntest

1. Gemeinsam ist allen Verbindungen die OH-Gruppe; sie gehören zu den Alkoholen.
   a) tert.-Butanol
   b) Allylalkohol
   c) Cyclohexanol
   d) Benzylalkohol
   e) Glycerin

2. Nein, das sind Phenole

3.

Einwertiger Alkohol	Zweiwertiger Alkohol	Dreiwertiger Alkohol
CH_3-CH_2-OH	$HO-CH_2-CH_2-OH$	$\underset{\underset{OH}{\mid}}{CH_2}-\underset{\underset{OH}{\mid}}{CH}-\underset{\underset{OH}{\mid}}{CH_2}$
Äthanol	Glykol	Glycerin

4.
$$\overset{p}{C}H_3-\overset{t}{C}H-\overset{t}{C}H-\overset{q}{C}-CH_2-\overset{t}{C}H-\overset{s}{C}H_2-\overset{p}{C}H_3$$

(mit $\overset{p}{C}H_3$, $\overset{p}{C}H_3$ oben; $\overset{p}{C}H_3$, $\overset{p}{C}H_3$, $\overset{p}{C}H_3$ unten)

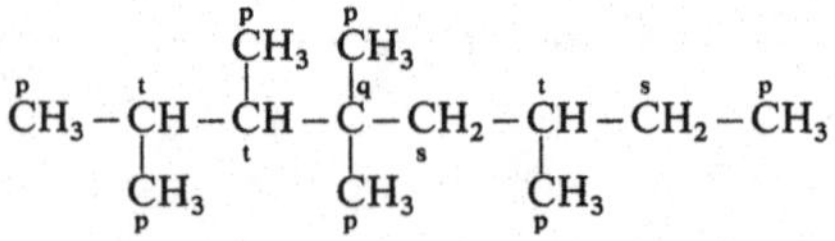

7 primäre, 2 sekundäre, 3 tertiäre Kohlenstoffatome, 1 quarternäres Kohlenstoffatom

5.

Name	Bauformel	prim., sek. oder tert. Alkohol
3-Methyl-2-butanol	$CH_3-\underset{\underset{OH}{\mid}}{CH}-\underset{\underset{CH_3}{\mid}}{CH}-CH_3$	sekundär
2-Methyl-2-butanol	$CH_3-\underset{\underset{CH_3}{\mid}}{\overset{\overset{OH}{\mid}}{C}}-CH_2-CH_3$	tertiär
2-Methyl-1-butanol	$CH_3-CH_2-\underset{\underset{CH_3}{\mid}}{CH}-CH_2-OH$	primär
3-Buten-2-ol	$CH_3-\underset{\underset{OH}{\mid}}{CH}-CH=CH_2$	sekundär

6. a) $R-CH_2-OH \xrightarrow{\text{Oxidation}} R-\overset{\overset{O}{\parallel}}{C}H \xrightarrow{\text{Oxidation}} R-\overset{\overset{O}{\parallel}}{C}-OH$

   b) $\underset{R}{\overset{R}{{\diagdown}}}CH-OH \xrightarrow{\text{Oxidation}} \underset{R}{\overset{R}{{\diagdown}}}C=O$

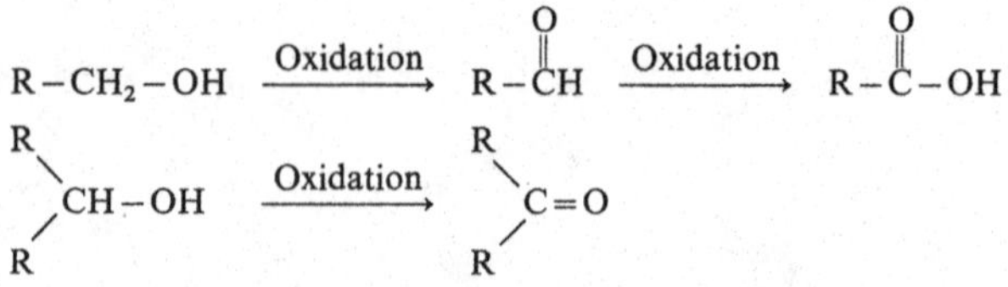

c) keine Reaktion

Aldehyde und Carbonsäuren entstehen aus primären Alkoholen, Ketone aus sekundären Alkoholen.

7. In den relativ hohen Siedepunkten.

8. a) Durch Anlagerung von Schwefelsäure an Äthen und anschließende Hydrolyse:

$$CH_2 = CH_2 + H_2SO_4 \longrightarrow CH_3 - CH_2 - OSO_3H$$

$$\xrightarrow{H_2O} CH_3 - CH_2OH + H_2SO_4$$

b) Durch Hefe bewirkte Gärung von Zucker oder anderen Kohlenhydraten.

9. a) $HCHO + R - MgX \longrightarrow H_2\underset{R}{C} - OMgX$

Formaldehyd

$$\xrightarrow{H_2O} H_2\underset{R}{C} - OH + Mg(OH)X$$

prim. Alkohol

b) $R - CHO + R' - MgX \longrightarrow R - \underset{R'}{CH} - OMgX$

Aldehyde

$$\xrightarrow{H_2O} R - \underset{R'}{CH} - OH + Mg(OH)X$$

sek. Alkohol

c) $R - \overset{O}{\overset{\|}{C}} - R' + R'' - MgX \longrightarrow R' - \underset{R''}{\overset{R}{C}} - OMgX$

Ketone

$$\xrightarrow{H_2O} R' - \underset{R''}{\overset{R}{C}} - OH + Mg(OH)X$$

tert. Alkohol

d) $\underset{H_3C}{\overset{H_3C}{>}}CH - \overset{O}{\overset{\|}{C}}H + \underset{H_3C}{\overset{H_3C}{>}}CH - MgBr \longrightarrow \underset{H_3C}{\overset{H_3C}{>}}CH - \underset{H}{\overset{OMgBr}{C}} - \overset{CH_3}{\underset{CH_3}{CH}}$

$$\xrightarrow[-Mg(OH)Br]{+H_2O} \underset{H_3C}{\overset{H_3C}{>}}CH - \underset{}{\overset{OH}{CH}} - \overset{CH_3}{\underset{CH_3}{CH}} \quad \text{2.4-Dimethyl-3-pentanol}$$

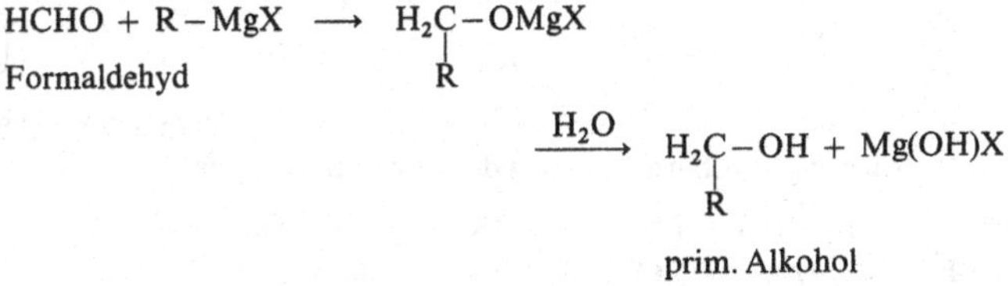

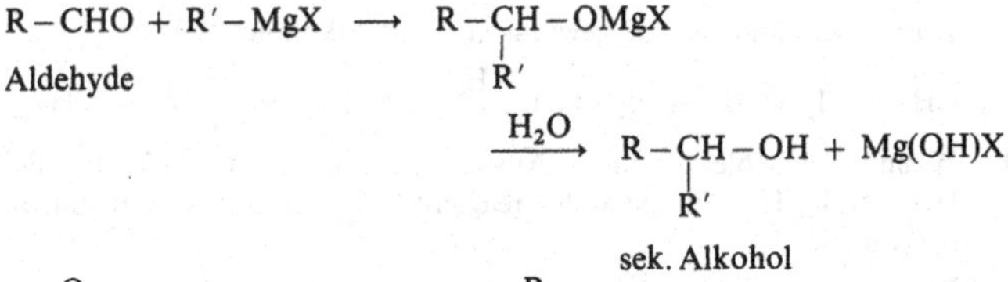

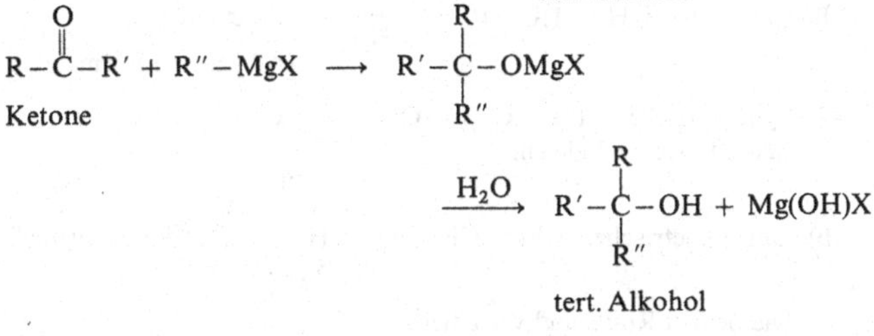

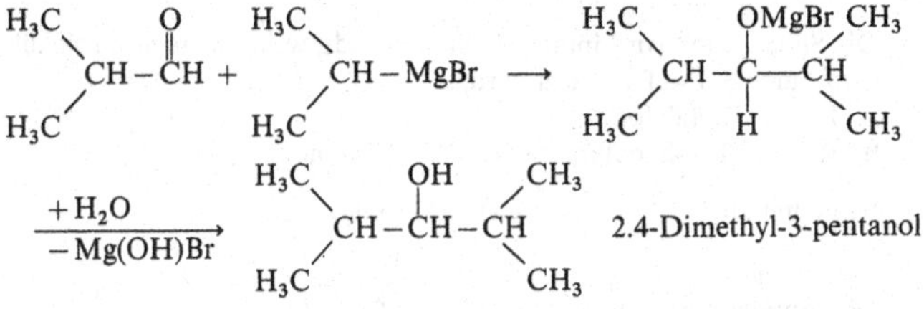

Ausgangssubstanzen: 2-Methylpropanal und 2-Brompropan.

e)

$$\underset{\text{(Benzaldehyd)}}{\overset{\displaystyle H}{\underset{\displaystyle}{C=O}}} \text{ (Phenyl)} \quad + \quad CH_3-CH_2-MgBr \quad \longrightarrow \quad CH_3-CH_2-\overset{\displaystyle OMgBr}{\underset{\displaystyle}{\overset{|}{\underset{|}{C}}-H}} \text{(Phenyl)}$$

$$\xrightarrow[\displaystyle -Mg(OH)Br]{\displaystyle +H_2O} \quad CH_3-CH_2-\overset{\displaystyle OH}{\underset{\displaystyle}{\overset{|}{CH}}} \text{(Phenyl)}$$

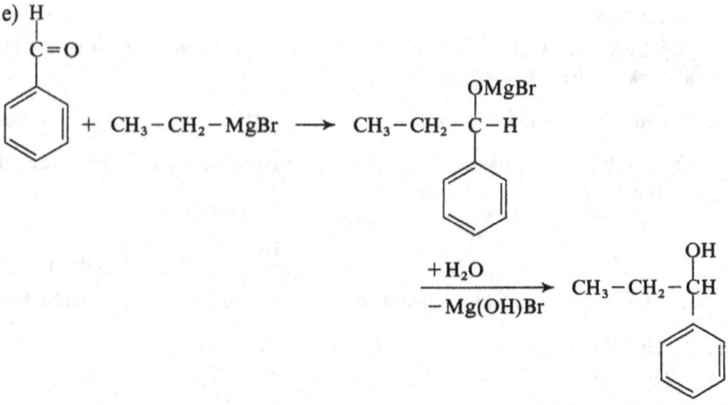

1-Phenyl-1-propanol

Ausgangssubstanzen: Benzaldehyd und Bromäthan.

10. $2R-CH_2-OH + 2Na \longrightarrow 2R-CH_2-O^{\ominus}Na^{\oplus} + H_2$
Es entstehen Alkoholate.

11. Durch Dehydratisierung gewinnt man aus Alkoholen Alkene:

$$CH_3-CH_2-CH_2-CH_2-OH \xrightarrow{H_2SO_4} CH_3-CH=CH-CH_3 + H_2O$$

12. Wenn zwei Moleküle unter Austritt eines kleineren Moleküls (Beispiele: H_2O, NH_3, HCl) miteinander reagieren, spricht man von Kondensations-reaktionen.

Beispiel: $R-OH + HO-R' \xrightarrow[-H_2O]{} R-O-R'$

(Allgemeine Formel der Äther)

13. a) Symmetrischer Äther: $C_2H_5-O-C_2H_5$ (Diäthyläther)
Beide Reste sind gleich.

b) Unsymmetrischer Äther: $CH_3-O-\underset{\displaystyle \diagdown CH_3}{\overset{\displaystyle \diagup CH_3}{CH}}$ (Methyl-isopropyläther)

Die beiden Reste sind verschieden.

14. Die Silbe „thio" wird immer dann verwandt, wenn in einem Molekül Sauer-stoff durch Schwefel ersetzt wird.
a) $R-S-R$ (Thioäther)
b) $R-S-H$ (Thioalkohole oder Mercaptane)

15. Dimethyläther $\qquad CH_3-O-CH_3$

tert.-Butylmethyläther $\qquad CH_3-\overset{\displaystyle CH_3}{\underset{\displaystyle CH_3}{\overset{|}{\underset{|}{C}}}}-O-CH_3$

Diphenyläther

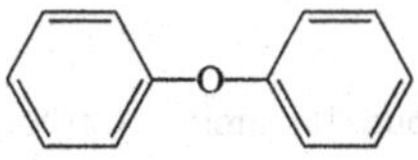

Methylphenyläther CH_3-O-

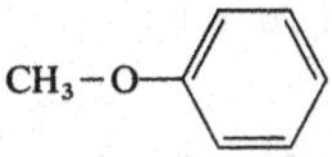

2-Äthoxyäthanol $CH_3-CH_2-O-CH_2-CH_2-OH$

16. Die *Williamson*-Synthese ist eine nucleophile Substitution am Kohlenstoff-atom. Die austretende Gruppe ist das Halogenidion.

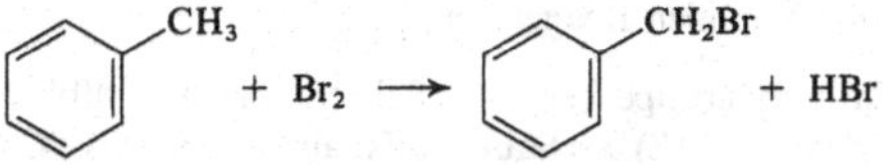

Toluol   Benzylbromid
                               (eine radikalische Substitution)

17.

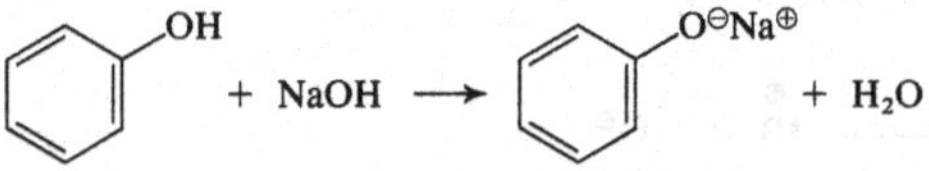

Phenol   Natriumphenolat

Benzylphenyläther

18. $CH_3-CH_2-OH + H_2C$⎯⎯CH_2 $\xrightarrow{H^+}$ $CH_3-CH_2-O-CH_2-CH_2-OH$
                    $\underset{O}{}$ 2-Äthoxyäthanol

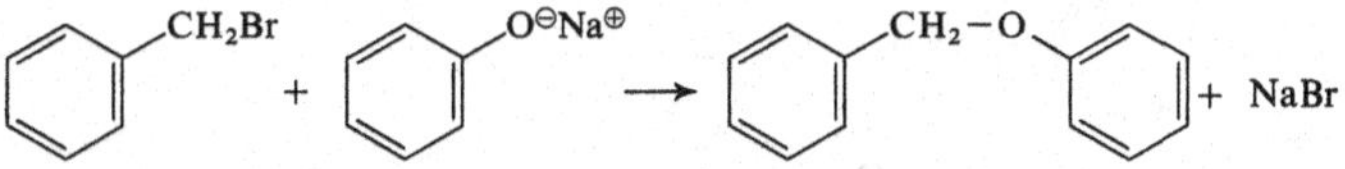

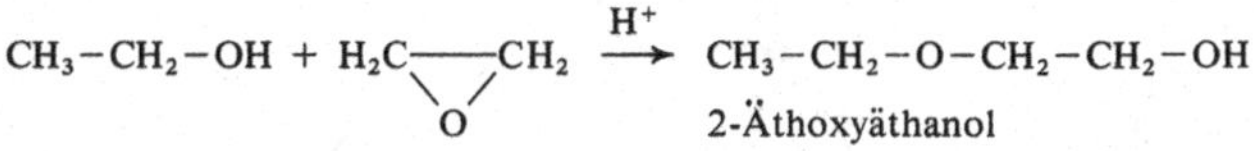

30. Lerntest

1. Carbonsäuren, Carbonsäureamide, Carbonsäureester, Ketone, Aldehyde, Carbonsäurechloride.
   Oder mit den allgemeinen Formeln:

   $R-\overset{\overset{O}{\|}}{C}-OH$, $R-\overset{\overset{O}{\|}}{C}-NH_2$, $R-\overset{\overset{O}{\|}}{C}-O-R$, $R-\overset{\overset{O}{\|}}{C}-R$,

   $R-\overset{\overset{O}{\|}}{C}-H$, $R-\overset{\overset{O}{\|}}{C}-Cl$

   In dieser Reihenfolge besitzen die Carbonylverbindungen eine zunehmende Reaktivität gegenüber nucleophilen Reagenzien.

2. Die Reaktivität der Carbonylgruppe beruht auf ihrer Polarität infolge des negativen induktiven Effektes (–IE) des Sauerstoffs; außerdem ist die C=O Doppelbindung polarisierbar.
   Daraus resultiert eine negative Partialladung (δ–) am Sauerstoff und eine positive am Kohlenstoff: $>\overset{\delta+}{C}=\overset{\delta-}{O}$

3. $B| + >C=O \rightleftharpoons \overset{\oplus}{B}-\underset{|}{\overset{|}{C}}-O^{\ominus}$

4. a) 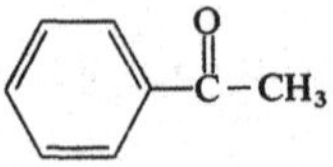

   b) $CH_3-CH_2-CH_2-\overset{\overset{O}{\|}}{C}H$

   c) 

   d) 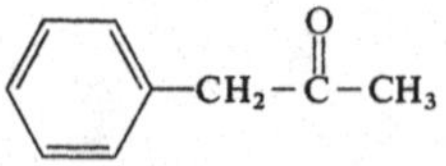

   e) $CH_3-CH_2-\underset{\underset{O}{\|}}{C}-\underset{\underset{CH_3}{|}}{C}H-CH_3$

   f) $CCl_3-\overset{\overset{O}{\|}}{C}H$

5. a) Durch Oxidation aus Alkoholen:

$$R-CH_2-OH \xrightarrow{Na_2Cr_2O_7/H_2SO_4} R-CHO$$

Oder durch die Umsetzung von o-Ameisensäureester mit *Grignard*verbindungen und nachfolgender Verseifung des Acetals:

$$R-MgBr \xrightarrow{HC(OC_2H_5)_3} R-CH(OC_2H_5)_2 \xrightarrow{50\%\ H_2SO_4} R-\overset{\overset{\displaystyle O}{\|}}{C}H$$

b) Durch katalytische Dehydrierung von Alkoholen zu Aldehyden; der Alkoholdampf wird bei 200–300 °C über einen kupferhaltigen Katalysator geleitet, dabei wird Wasserstoff abgespalten.

6. $2CH_3-OH + O_2 \xrightarrow{Ag/250\,°C} 2HCHO + 2H_2O$

7. Phenol und Aceton werden durch das Cumol-Verfahren gewonnen:

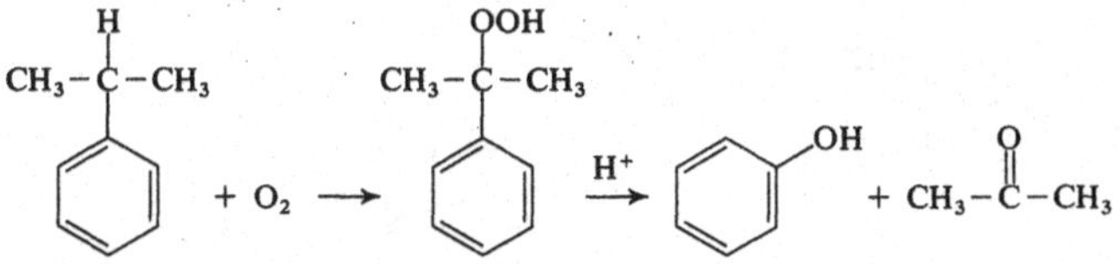

Isopropylbenzol (Cumol) — Cumolhydroperoxid

Man bläst Luft in das siedende Cumol, es bildet sich das Hydroperoxid in hoher Ausbeute, welches anschließend sauer katalysiert in Phenol und Aceton gespalten wird.

8. Durch die Oxo-Synthese lassen sich aus Alkenen Aldehyde herstellen:

$$R-CH{=}CH_2 + CO + H_2 \longrightarrow R-CH_2-CH_2-CHO$$

Als Katalysator fungiert Kobalttetracarbonyl ($Co(CO)_4$).

9. Nein, p-Benzochinon ist keine aromatische Verbindung, weil kein ringförmig geschlossenes, delokalisiertes π-Elektronensystem vorliegt.

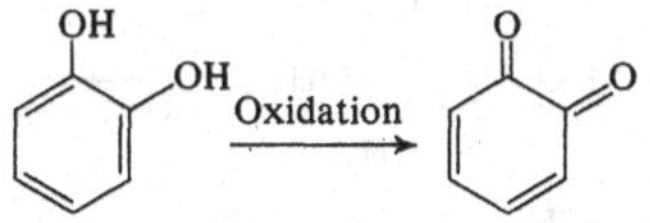

1.2-Dihydroxybenzol (Brenzkatechin) — 1.2-Benzochinon

10. Bei 1.3-Dihydroxybenzol (Resocin) ist keine analoge Oxidation möglich, da ein 1.3-Benzochinon nicht existiert.

11. Aldehyde und Ketone lassen sich reduzieren:

Aldehyde $\xrightarrow{\text{Reduktion}}$ primäre Alkohole

Ketone $\xrightarrow{\text{Reduktion}}$ sekundäre Alkohole

12. Es entstehen Carbonsäuren, wenn Aldehyde oxidiert werden. Ein spezifisches Oxidationsmittel dafür ist Silbernitrat in ammoniakalischer Lösung, wobei das komplexe Kation $[Ag(NH_3)_2]^+$ gebildet wird.

$$R-CHO + 2[Ag(NH_3)_2]^+ + 2OH^-$$

$$\longrightarrow RCOONH_4 + 2Ag + 3NH_3 + H_2O$$

13. a) $CH_3-CH_2-CHO + NaHSO_3 \longrightarrow CH_3-CH_2-\overset{\displaystyle OH}{\underset{\displaystyle H}{C}}-SO_3^-Na^+$

b)
C₆H₅—CHO $+ NaHSO_3 \longrightarrow HO-\overset{\displaystyle H}{\underset{\displaystyle }{C}}-SO_3^-Na^+$

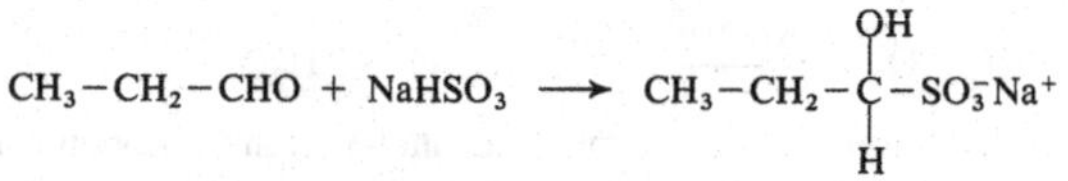

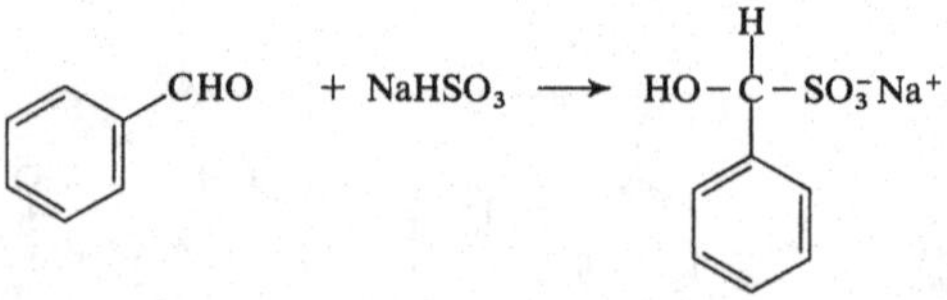

Es entstehen Bisulfit-Additionsverbindungen, genauer: Natriumsalze von α-Hydroxysulfonsäuren.

Diese Verbindungen werden häufig zur Abtrennung und Reinigung von Aldehyden und Ketonen verwandt. Als Salze sind sie wasserlöslich.

14. a) $CH_3-CH_2-\overset{\displaystyle O}{\overset{\displaystyle \|}{C}}-CH_3 + HCN \longrightarrow CH_3-CH_2-\overset{\displaystyle OH}{\underset{\displaystyle CN}{C}}-CH_3$

b) $CH_3-CH_2-CH_2-\overset{\displaystyle O}{\overset{\displaystyle \|}{C}}H + HCN \longrightarrow CH_3-CH_2-CH_2-\overset{\displaystyle OH}{\underset{\displaystyle CN}{C}}-H$

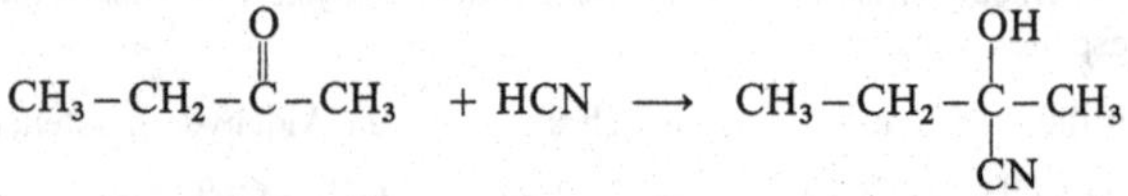

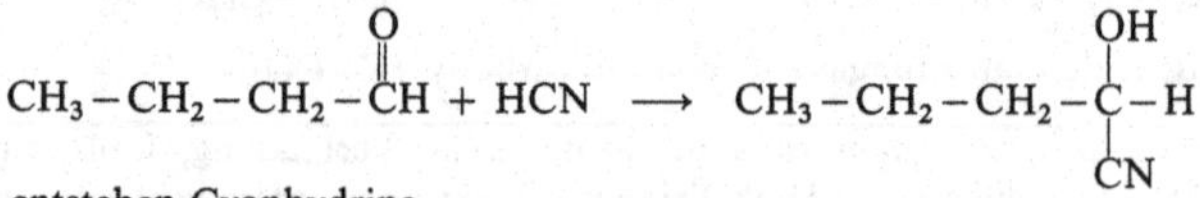

Es entstehen Cyanhydrine.

15.

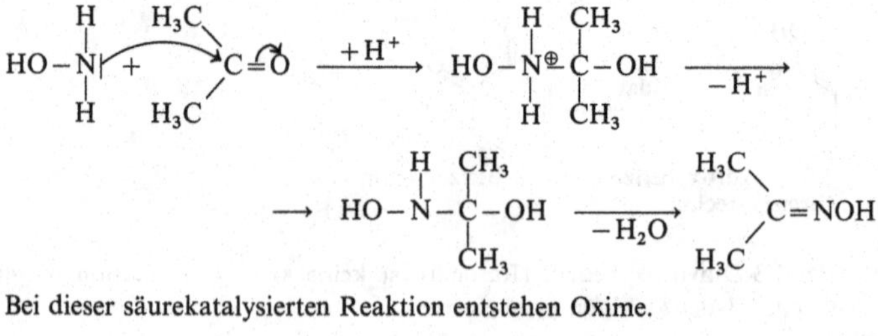

Bei dieser säurekatalysierten Reaktion entstehen Oxime.

16. 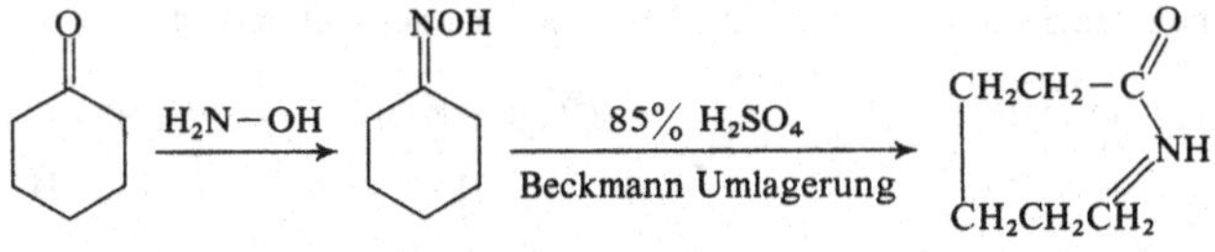

ε-Caprolactam

Polykondensation $\sim \underset{\underset{O}{\|}}{C} - NH - (CH_2)_5 - \underset{\underset{O}{\|}}{C} - NH - (CH_2)_5 - \underset{\underset{O}{\|}}{C} - NH \sim$

Perlon (Polyamid 6)

17. 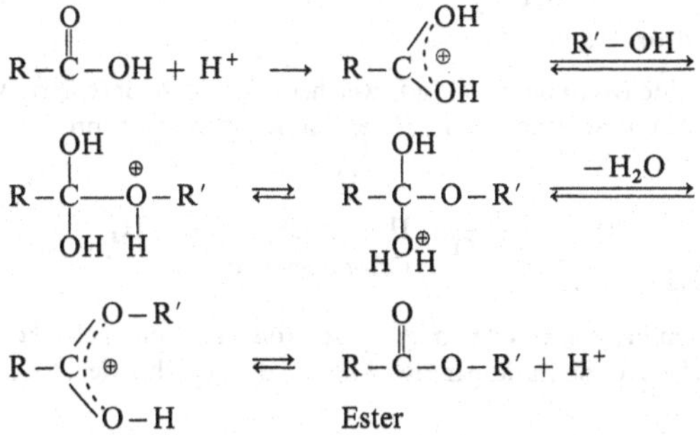

Ester

18. Unter Tautomerie versteht man das Vorhandensein von zwei Strukturisomeren, die miteinander im Gleichgewicht stehen. Bei der Keto-Enol-Tautomerie unterscheiden sich die Tautomere durch die Stellung eines Wasserstoffatoms. Die Einstellung des Gleichgewichts wird durch Säuren oder Basen katalysiert.

$$CH_3-\overset{\overset{O}{\|}}{C}-CH_2-\overset{\overset{O}{\|}}{C}-O-C_2H_5 \rightleftarrows CH_3-\overset{\overset{OH}{|}}{C}=CH-\overset{\overset{O}{\|}}{C}-O-C_2H_5$$

Ketoform — Enolform

Acetessigsäureäthylester

19. Wenn in α-Stellung zur Aldehydgruppe ein H-Atom steht, ist die Enolbildung und die Aldol-Addition möglich.

$$CH_3-\underset{\underset{H}{|}}{C}=O \rightleftarrows CH_2=\underset{\underset{H}{|}}{C}-OH$$ Keto-Enol-Tautomerie

Enole reagieren sauer, weil das Anion mesomeriestabilisiert ist:

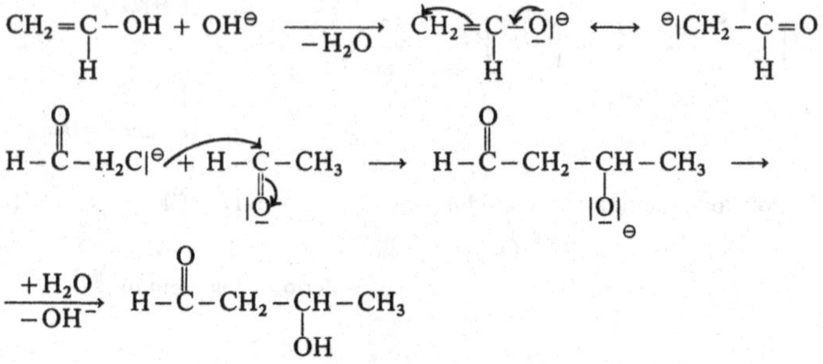

3-Hydroxybutanal

Es entsteht ein Aldehydalkohol (Aldol), welcher leicht dehydratisiert. Vor allem bei saurer Katalyse erhält man immer das Kondensationsprodukt:

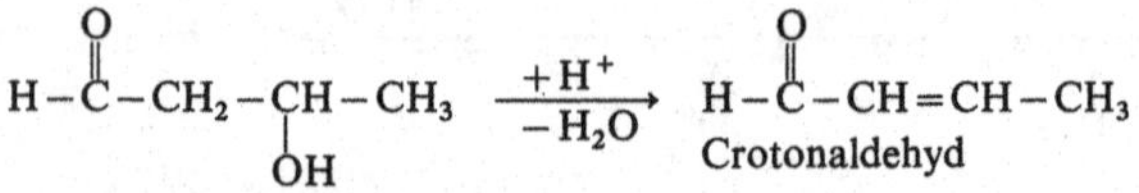

Crotonaldehyd

20. Bei dieser Reaktion handelt es sich um eine Esterkondensation nach Claisen. Das stark basische Kondensationsmittel Alkoholat überführt den Ester in ein Anion:

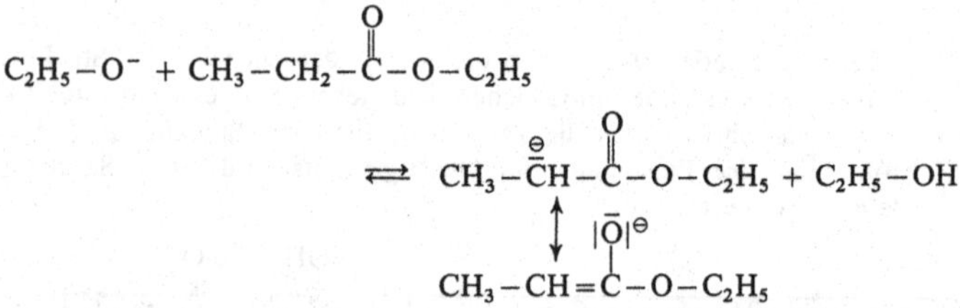

Das gebildete Carbanion greift als nucleophiles Teilchen ein weiteres Molekül Ester an:

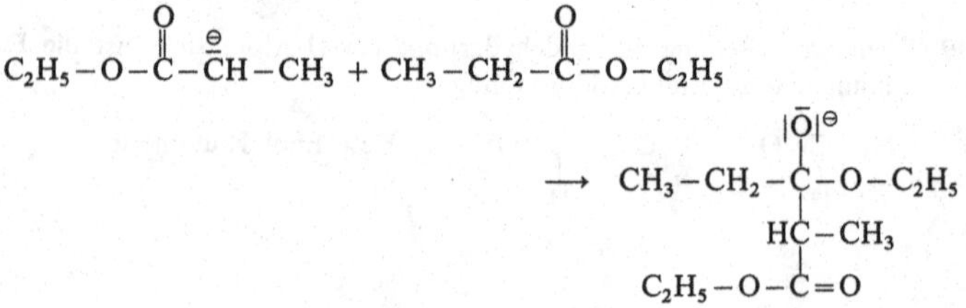

Das Addukt stabilisiert sich durch die Abspaltung eines Äthanolatanions:

$$
\begin{array}{c}
|\bar{O}|^{\ominus} \\
CH_3-CH_2-\overset{\displaystyle |}{\underset{\displaystyle |}{C}}-O-C_2H_5 \\
HC-CH_3 \\
C_2H_5-O-C=O
\end{array}
\quad\longrightarrow\quad
\begin{array}{c}
\overset{\displaystyle O}{\parallel}\quad\quad\overset{\displaystyle O}{\parallel} \\
CH_3-CH_2-C-CH-C-O-C_2H_5 \\
\underset{\displaystyle CH_3}{|} \\
+\ CH_3-CH_2-\underline{\bar{O}}|^{\ominus}
\end{array}
$$

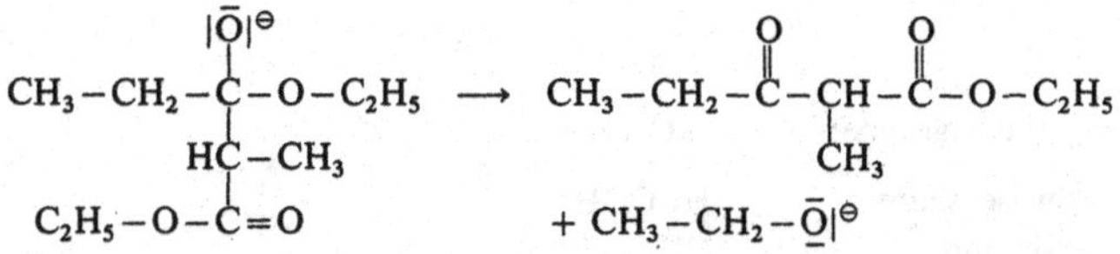

α-Propionyl-propionsäureäthylester

31. Lerntest

1. Carboxylgruppe: $-\overset{\overset{\displaystyle O}{\|}}{C}-OH$

2. Ameisensäure: $HCOOH$
   Essigsäure: CH_3-COOH
   Propionsäure: CH_3-CH_2-COOH
   n-Buttersäure: $CH_3-CH_2-CH_2-COOH$
   n-Valeriansäure: $CH_3-CH_2-CH_2-CH_2-COOH$

3. Isobuttersäure: $CH_3-\underset{\underset{\displaystyle CH_3}{|}}{CH}-COOH$

4. 3 primäre und 1 tertiäres Kohlenstoffatom

5. Fettsäuren

6. Stearinsäure: $CH_3(CH_2)_{16}-COOH$

7. Mit wachsender Kohlenstoffzahl nimmt die Wasserlöslichkeit ab. Ameisen-, Essig-, Propion- und n-Buttersäure sind unbegrenzt wasserlöslich; von C_5 bis C_9 nur teilweise. Die Säuren mit noch längeren Kohlenstoffketten sind in Wasser praktisch unlöslich.

8. *Dissoziation:*

$$CH_3-CH_2-COOH + H_2O \rightleftarrows CH_3-CH_2-\overset{\overset{\displaystyle O}{\|}}{C}-O^- + H_3O^+$$

Massenwirkungsgesetz:

$$\frac{c_{H_3O^+} \cdot c_{CH_3-CH_2-COO^-}}{c_{CH_3-CH_2-COOH}} = K_S \text{ (Dissoziationskonstante)}$$

Der pK_S-Wert ist der negative dekadische Logarithmus des K_S-Wertes.

$$\underline{pK_S = -\log K_S}$$

Der pK_S-Wert von Propionsäure beträgt bei 25 °C 4,88, daraus läßt sich der K_S-Wert berechnen:

$$\begin{aligned} pK_S &= 4{,}88 \\ pK_S &= -0{,}12 + 5 = -\log K_S \\ 0{,}12 - 5 &= \log K_S \\ 10^{0{,}12-5} &= K_S \\ \frac{10^{0{,}12}}{10^5} &= K_S \\ \underline{\underline{1{,}32 \cdot 10^{-5}}} &= \underline{\underline{K_S}} \end{aligned}$$

Nebenrechnung:
$\log x = 0{,}12$
$x = 1{,}32$

Überlegen Sie jetzt bitte einmal, wie Sie vom K_S-Wert zum pK_S-Wert kommen?

9. $Al(OH)_3 + 3\,CH_3-COOH \longrightarrow (CH_3COO)_3Al + 3\,H_2O$

10. a) Formiate
    b) Benzoate
    c) Phthalate

11. Seifen, man gewinnt sie durch alkalische Verseifung von Fetten (Glycerinester).

12. a)

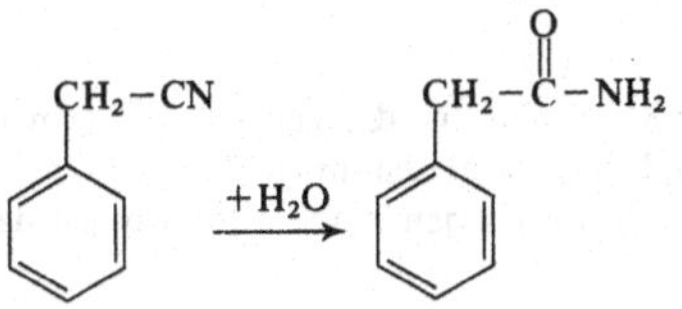

Benzylcyanid

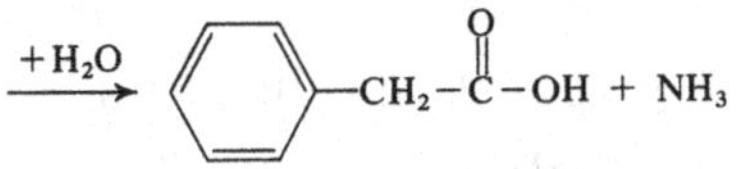

Phenylessigsäure

b)

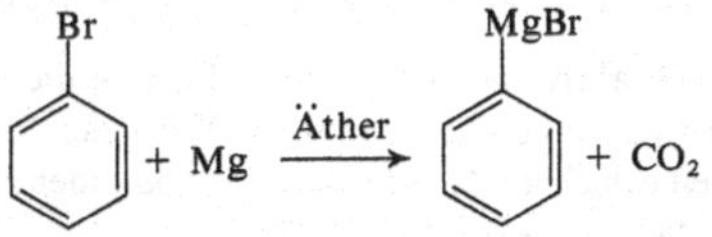

Brombenzol

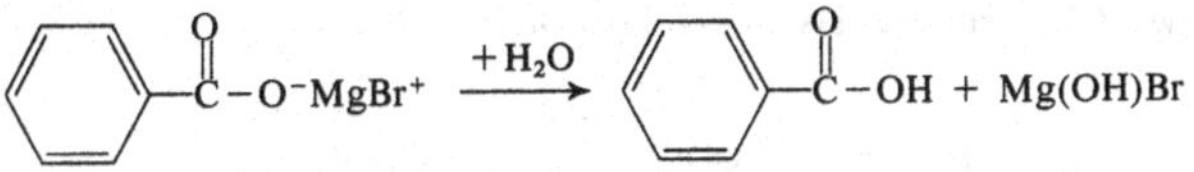

13. $NaOH + CO \xrightarrow[8\,at]{200\,°C} HCOONa$
    Natriumformiat

14. Durch die Umsetzung mit einer stärkeren Säure:

    $2\,HCOONa + H_2SO_4 \longrightarrow Na_2SO_4 + 2\,HCOOH$

15.

a) Dicarbonsäure	Adipinsäure	$HOOC-(CH_2)_4-COOH$
b) Halogencarbonsäure	Fluoressigsäure	FCH_2-COOH
c) Hydroxycarbonsäure	Milchsäure	$CH_3-CH(OH)-COOH$
d) ungesätt. Carbonsäure	Acrylsäure	$CH_2=CH-COOH$

16. Der pK_S-Wert wird mit zunehmender Chlorierung der Methylgruppe in der Essigsäure immer kleiner, dies bedeutet, daß die Säuren immer stärker werden.

Säuren: $CH_3-COOH < ClCH_2-COOH < Cl_2CH-COOH < Cl_3C-COOH$
pK_S-Wert: 4,76   2,81   1,30   0,89

Der Grund für die Zunahme der Säurestärke ist die elektronenanziehende Wirkung des Chloratoms, auch als negativer induktiver Effekt des Chloratoms ($-IE$) bezeichnet. Die Bindungselektronenpaare sind zum Chlor hin verschoben, daraus resultiert die leichtere Abspaltbarkeit des Protons und damit die Verstärkung der Säurewirkung.

17. $CH_3 - \overset{\overset{\text{H}}{|}}{\underset{\underset{\text{OH}}{|}}{C^*}} - COOH$:   Bei der Milchsäure ist das zentrale C-Atom von vier verschiedenen Liganden umgeben, man spricht bei diesen asymmetrischen Kohlenstoffatomen dann von Spiegelbildisomerie.

Die beiden Isomere

$$H - \overset{\overset{\text{COOH}}{|}}{\underset{\underset{\text{CH}_3}{|}}{C}} - OH \quad \text{und} \quad HO - \overset{\overset{\text{COOH}}{|}}{\underset{\underset{\text{CH}_3}{|}}{C}} - H$$

können nicht zur Deckung gebracht werden; sie sind Spiegelbildisomere.

18. Spiegelbildisomere sind optisch aktiv, sie vermögen in Lösung die Schwingungsebene von linear polarisiertem Licht zu drehen. Wird der Strahl im Uhrzeigersinn gedreht, handelt es sich um ($+$)-Milchsäure; bei einer Drehung entgegen dem Uhrzeigersinn liegt ($-$)-Milchsäure vor.

19. Durch Polykondensation von tere-Phthalsäure mit Diolen (Alkoholen mit zwei OH-Gruppen) lassen sich Polyester herstellen:

$$HO-CH_2-CH_2-OH + HOOC-\text{⬡}-COOH$$

$$\longrightarrow \sim O-\overset{\overset{\text{O}}{\|}}{C}-\text{⬡}-\overset{\overset{\text{O}}{\|}}{C}-\overset{\text{CH}_2}{\underset{\underset{\overset{\text{O}}{\|}}{\text{CH}_2}}{}}$$

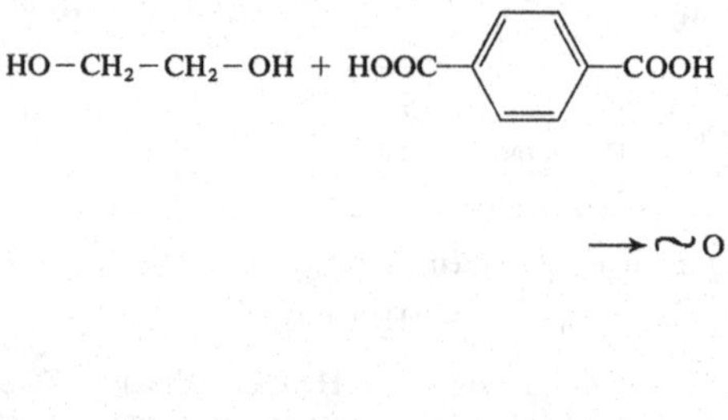

20. Durch die Oxidation der entsprechenden Xylole:

$$\begin{array}{ccc} \text{⬡}\overset{\text{CH}_3}{\underset{\text{CH}_3}{}} & \overset{\text{Oxidation}}{\xrightarrow{\hspace{1cm}}} & \text{⬡}\overset{\text{COOH}}{\underset{\text{COOH}}{}} \\ \text{ortho-Xylol} & & \text{ortho-Phthalsäure} \end{array}$$

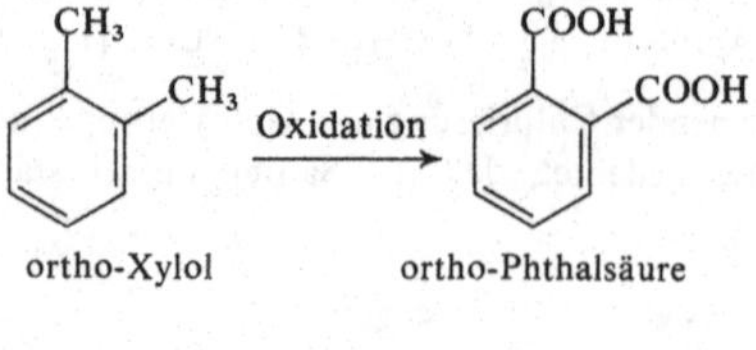

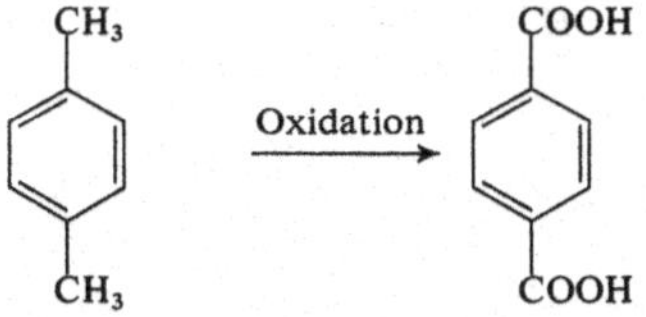

para-Xylol tere-Phthalsäure

21. Carbonsäuren sind durch Wasserstoffbrücken-Bindungen zu „Doppelmolekülen“ assoziiert:

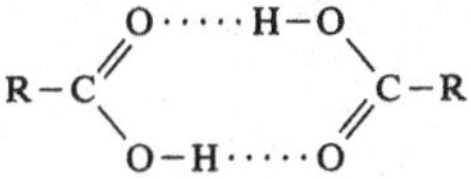

Beispiel: Essigsäure $M_r = 60$ $K_p = 118\,°C$
Propanol $M_r = 60$ $K_p = 98\,°C$

22. Unter Decarboxylierung versteht man die Abspaltung von CO_2 aus Carboxylgruppe, beispielsweise bei β-Ketosäuren:

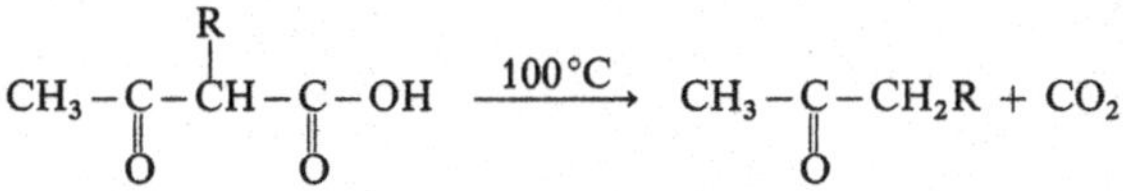

23. a) 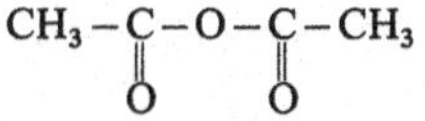 Essigsäureanhydrid oder Acetanhydrid

b) $CH_3-C-O-C-CH_2-CH_2-CH_3$ 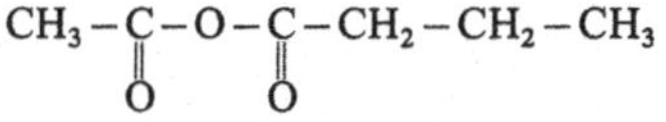 Essigsäurebuttersäureanhydrid

c) 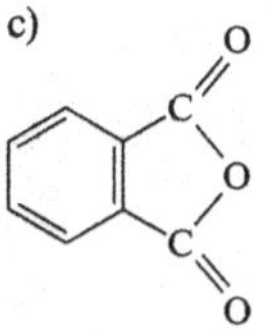 Phthalsäureanhydrid

24. Chloressigsäure: $CH_2Cl-COOH$

Acetylchlorid: 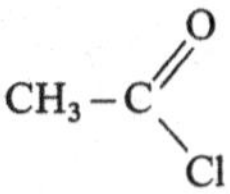

In den Säurehalogeniden ist die OH-Gruppe der Carbonsäuren durch ein Halogenatom ersetzt.

25. Aminoessigsäure: H_2N-CH_2-COOH

Acetamid: $CH_3-C{\overset{O}{\underset{NH_2}{}}}$

26. $H-\overset{O}{\overset{\|}{C}}-N{\overset{CH_3}{\underset{CH_3}{}}}$

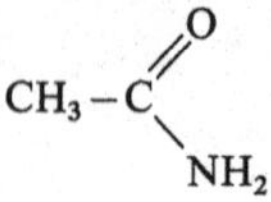

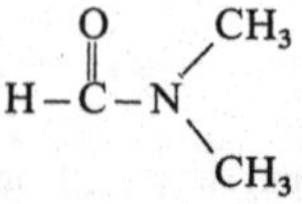

27. a) Isopropylpropionat oder Propionsäure-isopropylester:

$CH_3-CH_2-\overset{O}{\overset{\|}{C}}-O-CH{\overset{CH_3}{\underset{CH_3}{}}}$

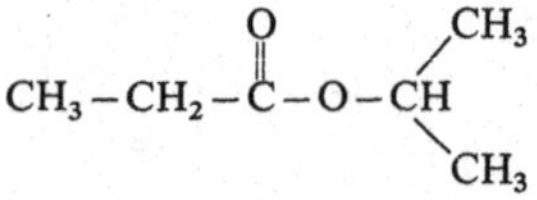

b) Dimethylsulfat oder Schwefelsäuredimethylester:

$\overset{O}{\underset{O}{}}S{\overset{O-CH_3}{\underset{O-CH_3}{}}}$

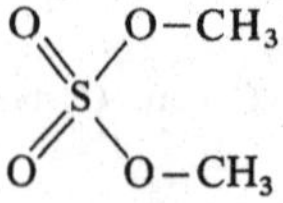

32. Lerntest

1. H_3C-NO_2: Nitromethan.
   Bei einer Nitroverbindung muß die NO_2-Gruppe direkt mit einem C-Atom verknüpft sein. Für Ester der Salpetersäure ist die $-C-O-N$-Bindung typisch.

   $H_2C-O-NO_2$
   $HC-O-NO_2$
   $H_2C-O-NO_2$

   Glycerintrinitrat, ein Ester, entstanden durch die Reaktion von 1 mol Glycerin und 3 mol HNO_3 unter Wasserabspaltung.

2. Aromatische Nitroverbindungen sind wesentlich leichter zugänglich als aliphatische. Sie lassen sich durch Nitrierung von Aromaten – eine elektrophile Substitution – gewinnen.

   $$2\,CH_3-CH_2-CH_2Cl + 2\,AgNO_2 \longrightarrow CH_3-CH_2-CH_2-O-N{=}O \text{ (I)} + CH_3-CH_2-CH_2-NO_2 \text{ (II)} + 2\,AgCl$$

   Es entstehen (I) = n-Propylnitrit (ein Ester der Salpetrigen Säure) und (II) = 1-Nitropropan.

3. Nitriersäure ist ein Gemisch aus Salpetersäure und Schwefelsäure. Zur Herstellung legt man die Salpetersäure vor und fügt unter Eiskühlung und Rühren die Schwefelsäure langsam zu.

4. TNT:

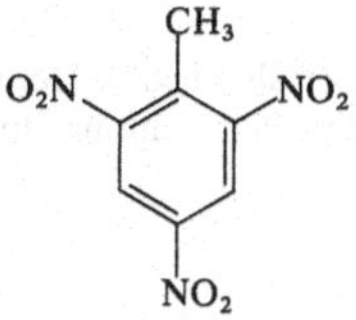

2.4.6-Trinitrotoluol

5. a) Als elektrophiles Reagens wirkt bei der Nitrierung das Nitroniumkation $NO_2^{\oplus}$, welches in der Nitriersäure vorliegt:

   $$HNO_3 + 2\,H_2SO_4 \rightleftharpoons NO_2^+ + H_3O^+ + 2\,HSO_4^-$$

   b) Der Angriff des Nitroniumkations an einen Aromaten führt zur Bildung des π-Komplexes:

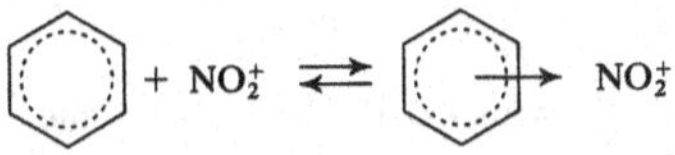

π-Komplex

   c) Der π-Komplex lagert sich in ein Carbeniumion um. Dabei wird der aromatische Zustand aufgehoben und der σ-Komplex gebildet:

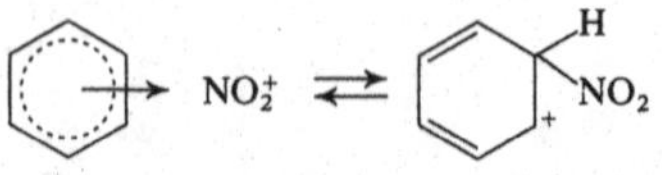

σ-Komplex

d) Dieser Zwischenzustand ist am energiereichsten, er stabilisiert sich durch die Abgabe eines Protons, dadurch wird der energieärmere aromatische Zustand wieder hergestellt:

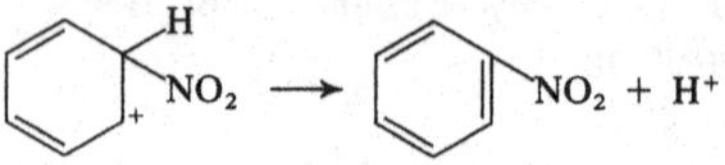

Nitrobenzol

6. Phenol: $pK_S = 10{,}0$

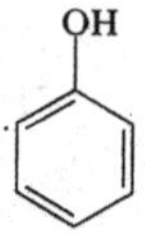

Pikrinsäure: $pK_S = 0{,}80$

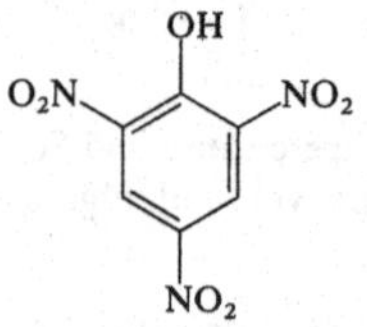

Pikrinsäure ist also wesentlich stärker sauer als Phenol. Der Grund liegt an den Möglichkeiten der Stabilisierung des Pikratanions durch mesomere Grenzformen.

Beispielsweise:

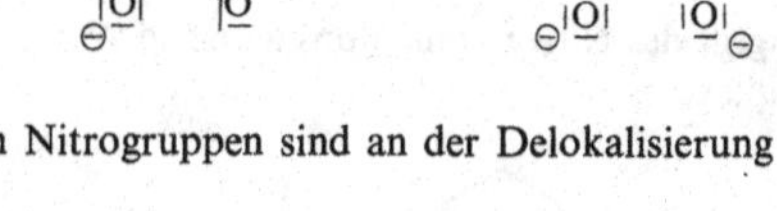

Auch die anderen Nitrogruppen sind an der Delokalisierung der negativen Ladung beteiligt.

7. −IE: Die Nitrogruppe polarisiert ein Molekül im folgenden Sinne:

$$\overset{\delta\delta\delta+}{CH_3}-\overset{\delta\delta+}{CH_2}-\overset{\delta+}{CH_2}-\overset{\delta-}{NO_2}$$

Die Nitrogruppe ist der elektronenanziehende Teil im Molekül und sie polarisiert die C – N-Bindung. Dieser Effekt wirkt sich auch noch, schwächer werdend, auf die Nachbarbindungen aus. Infolgedessen muß die Nitroessigsäure, O_2N-CH_2-COOH, eine stärkere Säure sein als die Essigsäure, CH_3-COOH.

–ME: Bei Molekülen, die ein System von konjugierten Doppelbindungen enthalten, ist die Nitrogruppe in der Lage aus dem Molekül Elektronen heraus zu ziehen.
Anilin ist eine basische Verbindung, weil folgende Reaktion möglich ist:

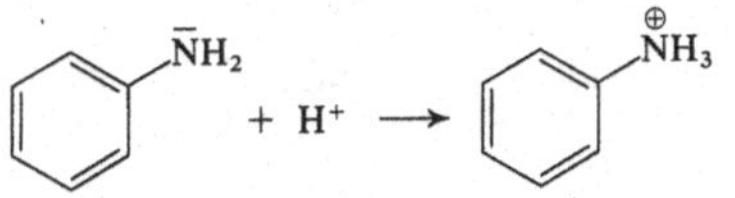

Durch eine NO_2-Gruppe in para-Stellung wird das Elektronenpaar der NH_2-Gruppe in den Ring gezogen und steht für die Bindung von Protonen nicht mehr vollständig zur Verfügung.

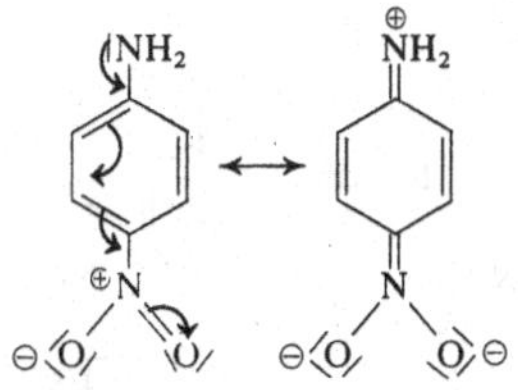

Daraus läßt sich ableiten, daß p-Nitranilin eine schwächere Base ist als Anilin.

8. Substituenten 2. Ordnung dirigieren bei der elektrophilen Substitution den zweiten Substituenten in meta-Stellung. Denn wie die folgenden mesomeren Grenzformen zeigen, sind die beiden ortho-Stellungen und die para-Stellung positiviert, so daß vorwiegend die meta-Stellungen für einen Angriff in Frage kommen.

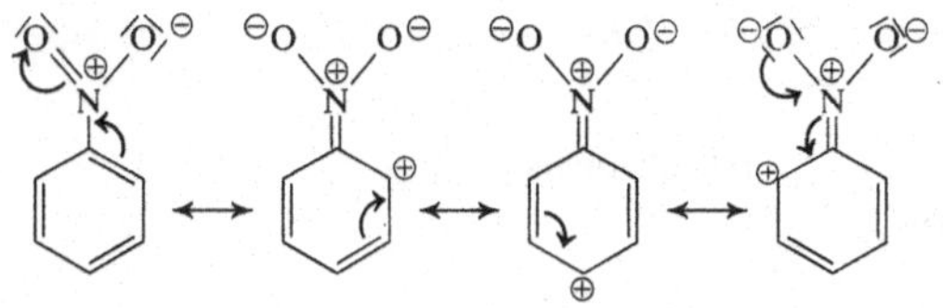

9. Amine
Reduktion aromatischer Nitroverbindungen:

$R-NO_2$	$\longrightarrow$	$R-NO$	$\longrightarrow$	$R-NH-OH$	$\longrightarrow$	$R-NH_2$
Nitro-verbindung		Nitroso-verbindung		substit. Hydroxylamin		primäres Amin

10. a)

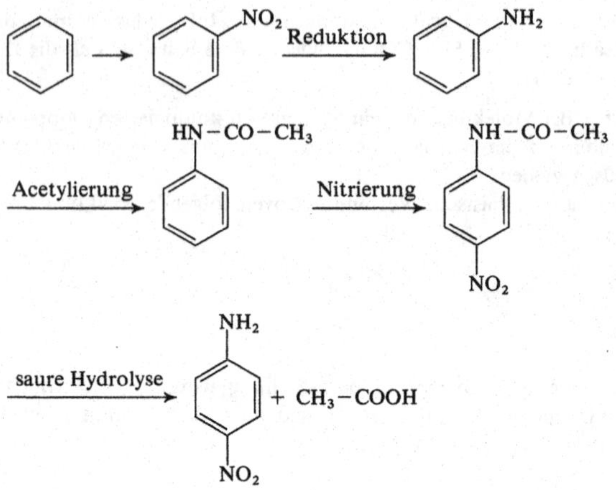

b)

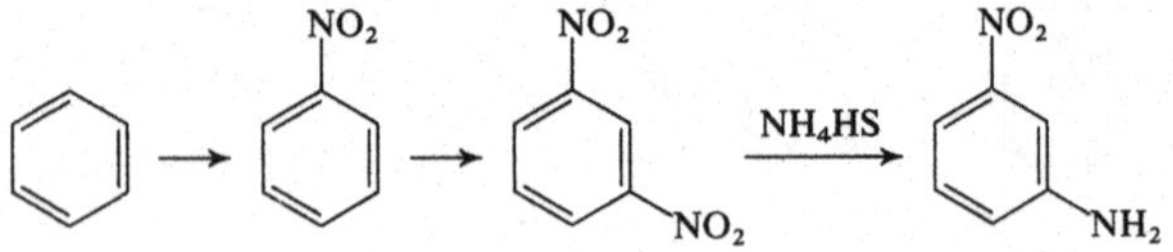

11. a) $R-NH_2$ < b) $R-NH-R$ < c) $R-\underset{\displaystyle R}{\underset{|}{N}}-R$ < d) $\left[R-\overset{\displaystyle R}{\overset{|}{\underset{\displaystyle R}{\underset{|}{N}}}}-R\right]^{\oplus} OH^{\ominus}$

12. a)

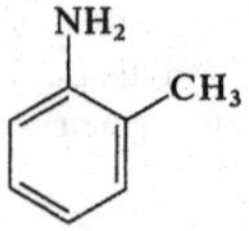

o-Methylanilin

b)

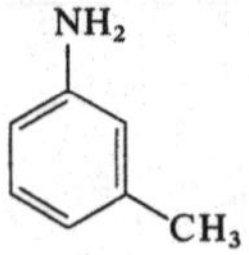

m-Methylanilin

c)

p-Methylanilin

d) 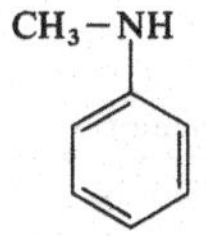 N-Methylanilin

13. 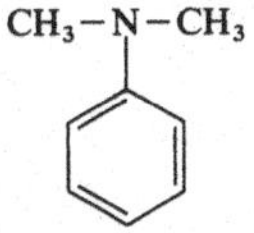 N.N-Dimethylanilin

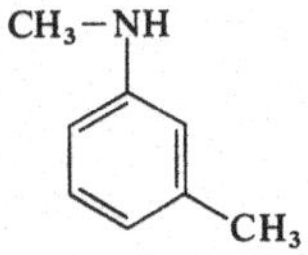 N-Methyl-m-toluidin

14. a) Durch Alkylierung von Ammoniak mit Halogenalkanen.

$$NH_3 \xrightarrow{R-X} R-NH_2 \xrightarrow{R-X} R-NH-R \xrightarrow{R-X} R-\underset{\underset{R}{|}}{N}-R$$

Diese Reaktion führt zu einem Gemisch der verschiedenen Amine.

b) Durch Reduktion von Amiden ($R-\overset{\overset{O}{\|}}{C}-NH_2$), Oximen $\left(\begin{matrix} R \\ R \end{matrix}\!\!>C=NOH\right)$ oder Nitrilen ($R-CN$) zum Beispiel mit Lithiumaluminiumhydrid ($LiAlH_4$).

15. $C_3H_7-\underset{\underset{O}{\|}}{C}-NH_2 \xrightarrow{Br_2} C_3H_7-\underset{\underset{O}{\|}}{C}-NHBr \xrightarrow{OH^-}$

$C_3H_7-\underset{\underset{O}{\|}}{C}-\overset{\ominus}{\underline{N}}-Br \xrightarrow{-Br^-} C_3H_7-C\!\begin{matrix} // O \\ \backslash \underline{N}| \end{matrix} \xrightarrow{\text{Umlagerung}}$

$C_3H_7-N=C=O \xrightarrow{H_2O} C_3H_7-NH-C\!\begin{matrix} // O \\ \backslash OH \end{matrix} \longrightarrow C_3H_7-NH_2 + CO_2$

Vom Buttersäureamid muß ausgegangen werden.

16. Säuren;

$(CH_3)_3N + H_2SO_4 \longrightarrow (CH_3)_3NH^+HSO_4^-$

17.

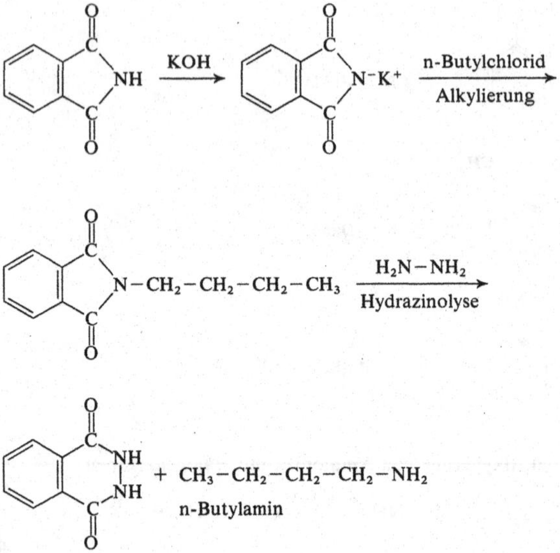

18. Durch Umsetzung mit Toluolsulfochlorid:

a) $R-NH_2 + Cl-SO_2-\underset{}{\bigcirc}-CH_3 \longrightarrow R-\underset{H}{\overset{|}{N}}-SO_2-\bigcirc-CH_3$

$\xrightarrow{\text{NaOH}} R-\underset{\underset{Na^{\oplus}}{}}{\overset{\ominus}{N}}-SO_2-\bigcirc-CH_3$

b) $\underset{R}{\overset{R}{\diagdown}}NH + Cl-SO_2-\bigcirc-CH_3 \rightarrow R-\underset{R}{\overset{|}{N}}-SO_2-\bigcirc-CH_3$

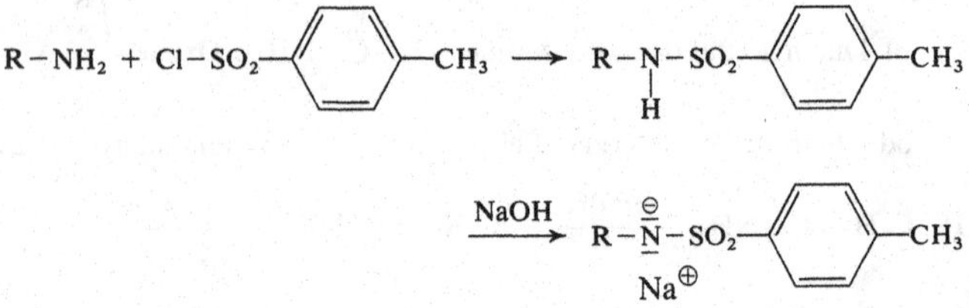

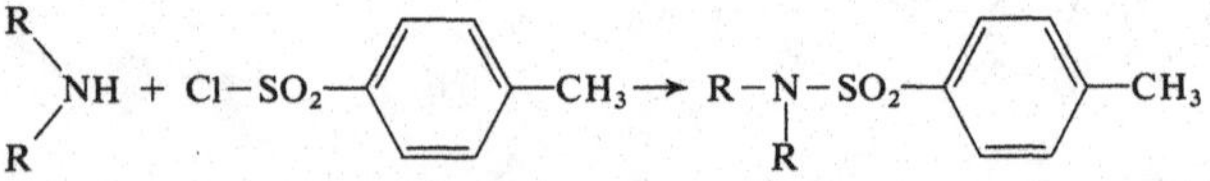

Keine Weiterreaktion mit Natronlauge

c) Tertiäre Amine reagieren nicht

19. a) Bildung eines Nitrosylkations:

$NaNO_2 + HCl \longrightarrow HNO_2 + NaCl$

$HO-NO + H^+ \longrightarrow H_2O + \overset{\oplus}{N}=O$

b) Diazotierung

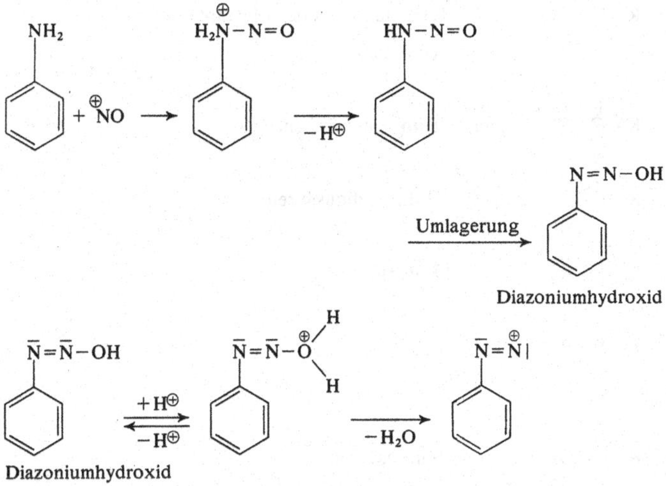

Das entstandene Phenyldiazoniumkation ist mesomeriestabilisiert:

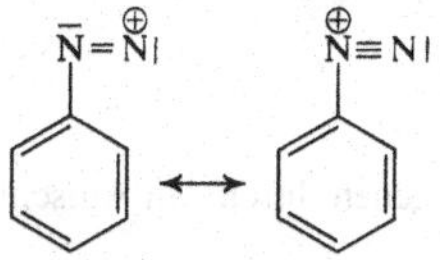

20. Diazotierung:

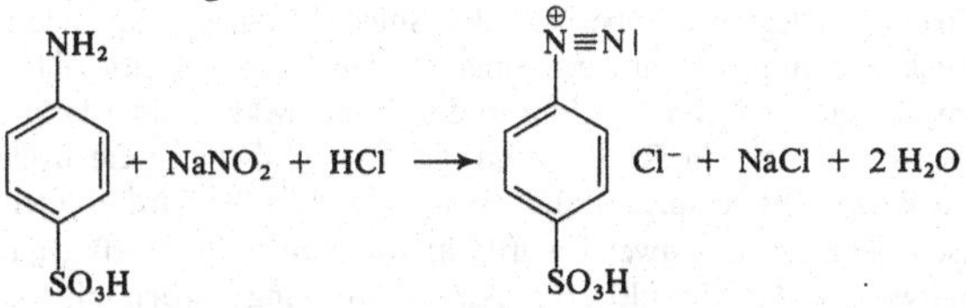

Kupplung:

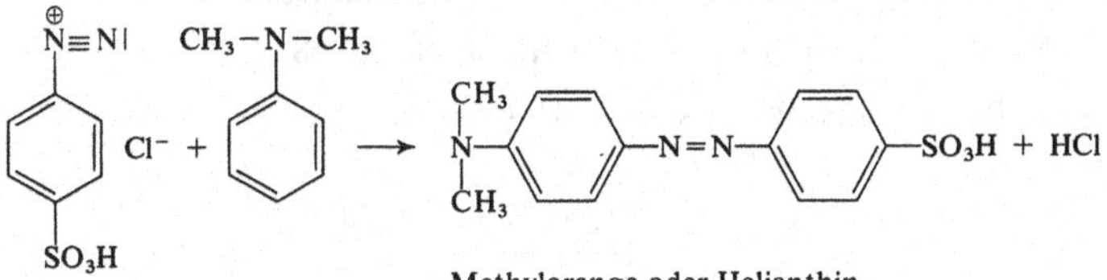

Methylorange oder Helianthin

33. Lerntest

2.

$R-SH$	Thioalkohole oder Mercaptane
$R-S-R$	Thioäther
$R-\overset{O}{\overset{\Vert}{C}}-SH$	Thiocarbonsäuren
$R-\overset{S}{\overset{\Vert}{C}}-SH$	Dithiocarbonsäuren
$R-\overset{O}{\overset{\Vert}{S}}-R$	Sulfoxide
$R-\underset{\underset{O}{\Vert}}{\overset{O}{\overset{\Vert}{S}}}-R$	Sulfone
$R-\underset{\underset{O}{\Vert}}{\overset{O}{\overset{\Vert}{S}}}-OH$	Sulfonsäuren
$R-O-\underset{\underset{O}{\Vert}}{\overset{O}{\overset{\Vert}{S}}}-OH$	Schwefelsäureester

3. Schwefel läßt sich neben Stickstoff und den Halogenen durch den Aufschluß mit Natrium nachweisen (*Lassaigne*-Probe).
Ca. 20 mg Substanz werden in ein Glühröhrchen gegeben. In das schräg gehaltene Röhrchen legt man oberhalb der Substanz ein ca. 5 mm langes sauberes Stück Natrium. Es wird mit einer kleinen spitzen Brennerflamme geschmolzen, dabei tropft das Natrium in die Probe. Man erhitzt dann das Glühröhrchen kurze Zeit zur Rotglut und taucht es glühend in ein Becherglas mit 5 ml Wasser, es zerspringt und die wäßrige Lösung wird abfiltriert.
Der organisch gebundene Schwefel wurde in Natriumsulfid überführt und läßt sich nachweisen: 2 ml der filtrierten Aufschlußlösung werden mit Essigsäure sauer gestellt. Bildet sich nach Zusatz von Bleiacetatlösung eine schwarze Fällung von Bleisulfid, war Schwefel anwesend.

$$Na_2S + Pb(CH_3COO)_2 \longrightarrow 2\,CH_3COONa + PbS$$

4. a) $R-Hal + NaHS \longrightarrow R-SH + NaHal$
Thiole

b) $R-Hal + Na_2S \longrightarrow R-S-R + 2\,NaHal$
Thioäther

5. 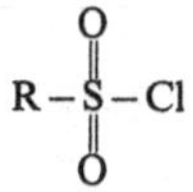 Sulfonsäurechloride

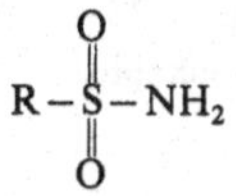 Sulfonamide, sie haben Bedeutung als Chemotherapeutika

6. Sulfonierung, Schwefelsäure oder Oleum, elektrophile, neutral

7. 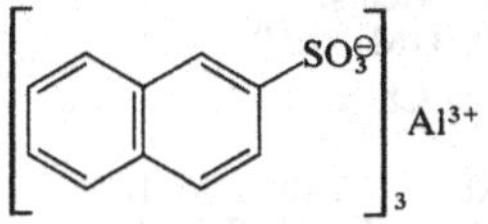

8. Die Sulfonsäuregruppe erhöht die Wasserlöslichkeit von Substanzen. Sehr wichtig ist dieser Effekt bei Farbstoffen und Detergentien.

9. 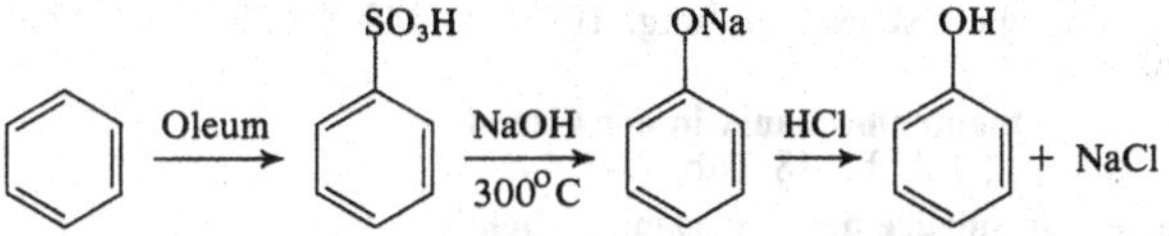

Phenol

10. 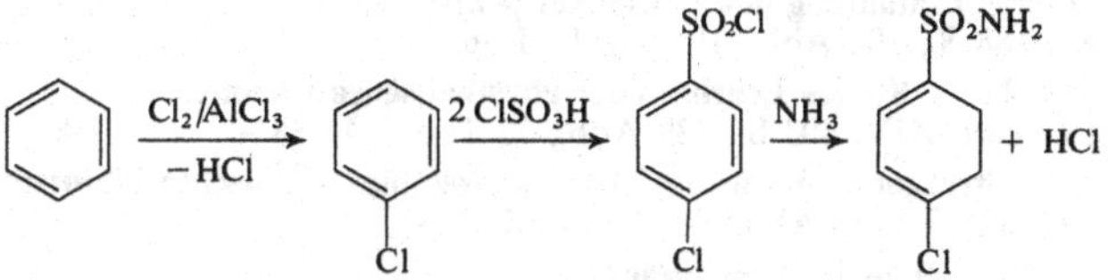

11. $R-H + SO_2 + Cl_2 \longrightarrow R-SO_2Cl$ Sulfochlorierung

$R-SO_2Cl + 2\,NaOH \longrightarrow R-SO_3Na + NaCl + H_2O$
Hydrolyse und Überführen in das Natriumsalz

$R-SO_3Na$: Natriumsulfonate sind waschaktive Substanzen ($R = C_{13} \ldots C_{18}$)

12. 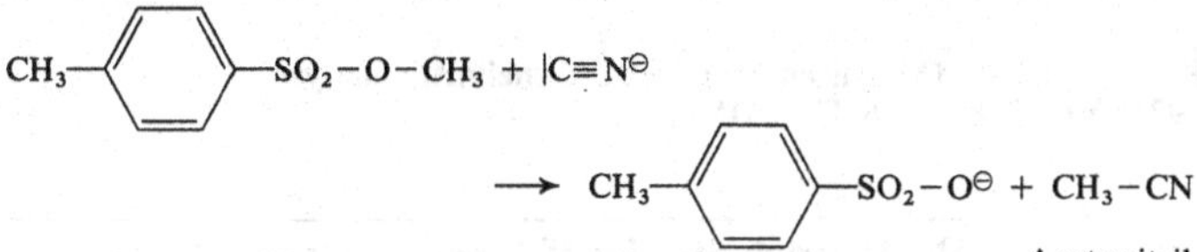

Acetonitril